Sekundarstufe

Wolfgang Wertenbroch

Chemie fachfremd unterrichten

Leichte Einstiege sofort umsetzbar

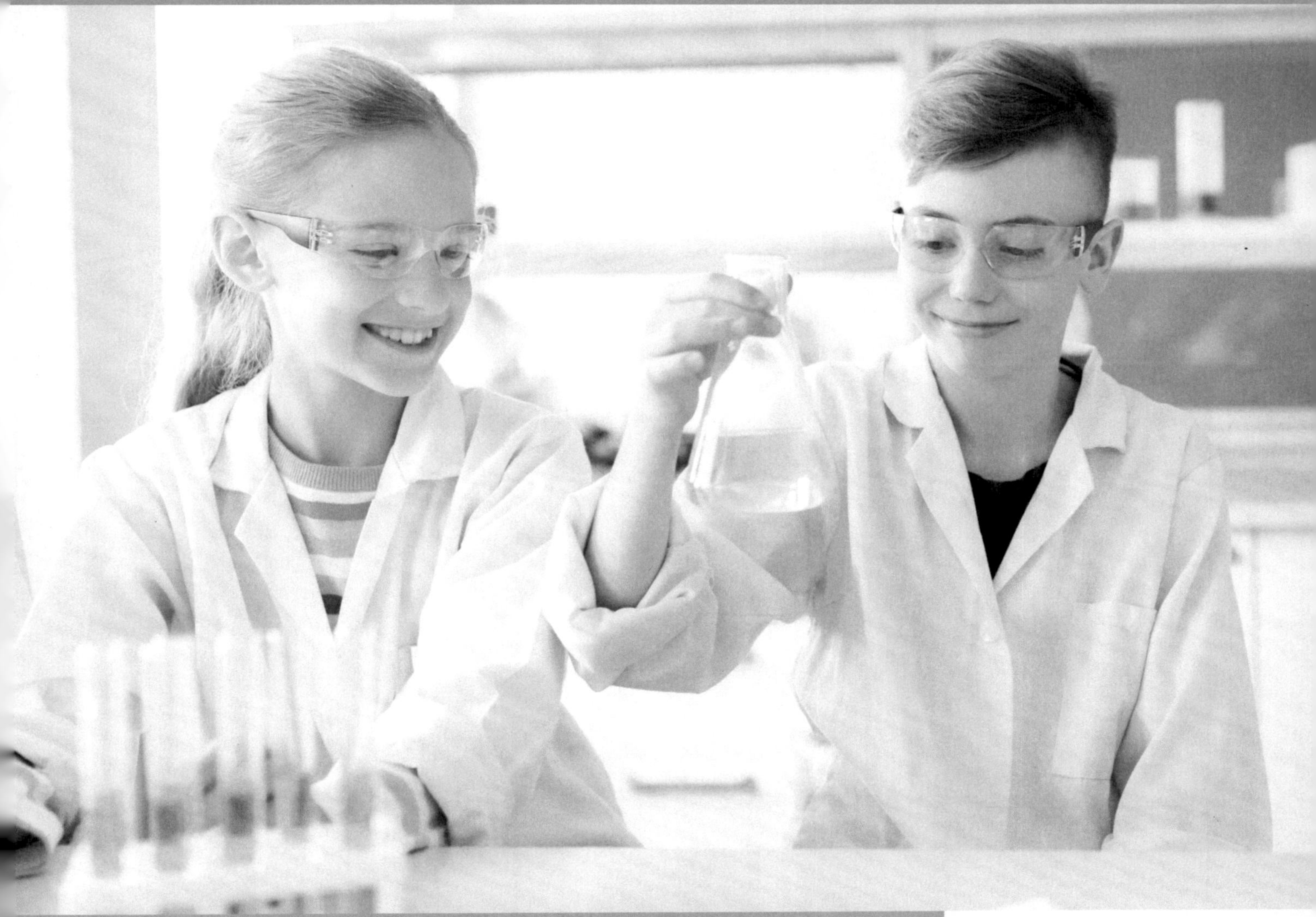

- Organisation, Planung, Aufbau
- Tipps zur Durchführung
- Praktische Ideen
- Komplette Stundenbilder

Chemie fachfremd unterrichten

Leichte Einstiege sofort umsetzbar

11. Auflage 2025

Inhalt: Wolfgang Wertenbroch
Umschlagbild: © Syda Productions - AdobeStock.com
Redaktion: Kohl-Verlag
Grafik & Satz: Eva-Maria Noack
Druck: Druckerei Flock, Köln

Bestell-Nr. 11 448

ISBN: 978-3-95513-030-5

Bildquellen:

Männchen auf allen Seiten: © ronnarid - AdobeStock.com; **Seite 2:** © Africa Studio - AdobeStock.com; **Seite 23:** © Yuliia Pavla & fotohansel - AdobeStock.com; **Seite 27:** © Nadezhda Mih - AdobeStock.com; **Seite 30:** © weyo - AdobeStock.com; **Seite 33:** © Rawpixel.com, Olga Nevskaya & kashurin - AdobeStock.com; **Seite 41:** © Nadezhda Mih - AdobeStock.com; **Seite 48:** © Dar_ria, MATT, Iuliia, Happypictures, Svitlana Tolmach, Nico Ladewig & chuprakov_yuri - AdobeStock.com; **Seite 51:** © frustfrei-lernen.de; **Seite 56:** © Djomas - AdobeStock.com

Kontakt: Kohl-Verlag, An der Brennerei 37-45, 50170 Kerpen
Tel: +49 2275 331610, Mail: info@kohlverlag.de

Inhalt

KOHL VERLAG Chemie fachfremd unterrichten
Leichte Einstiege sofort umsetzbar – Bestell-Nr. 11 448

Vorwort

Sehr geehrte Kolleginnen und Kollegen,

Sie werden fachfremd das Unterrichtsfach Chemie unterrichten. Das ist für Sie und für Ihre Schüler* der Einstieg in ein Thema, das unseren Alltag bestimmt. Wir selber bestehen aus Stoffen, die Gegenstand chemischer Forschung sind, ebenso wie die Stoffe unserer natürlichen und der von uns geschaffenen Umwelt.

Mithilfe des Unterrichtsfaches Chemie lernen Ihre Schüler verstehen:

- ➔ Die Zusammensetzung der Materie auf atomarer und molekularer Ebene,
- ➔ ihre Struktur,
- ➔ ihre Eigenschaften und
- ➔ ihre Umwandlungen.

Was hier noch ungenau und nur angedeutet wurde, wird durch handelndes Lernen in Schülerversuchen deutlich und für die Schüler erfahrbar. Neben den Versuchen bearbeiten die Schüler Aufgaben, die zu Erklärungen des in den Versuchen Beobachteten und Erfahrenen führen. Weil es sich bei den gewonnenen Kenntnissen und Erkenntnissen um grundlegendes Wissen bzw. um grundlegende Fähigkeiten handelt, ist es angebracht, dass die Schüler die Arbeitsblätter in einer Mappe sammeln und gelegentlich zur Vorbereitung auf einen Test hin durcharbeiten. Das Periodensystem der Elemente (Umschlagseite) lohnt sich für die Schüler farbig zu kopieren.

Die noch ungeübten Schüler führen die Versuche selbstständig durch, deshalb wird vorsichtshalber anstatt eines Gasbrenners ein Spiritusbrenner verwendet. Für Versuche mit elektrischem Strom kommt zunächst nur der Gleichstrom einer Flachbatterie 4,5 V zum Einsatz.

Sie beaufsichtigen also relativ harmlose Versuche, bei denen auf aggressive oder giftige Chemikalien weitgehend verzichtet wird. Ihre Aufgabe besteht dann in der Vorbereitung der Versuche; Sie legen lediglich die Stoffe und die Versuchsprotokolle bereit und Sie sorgen dafür, dass genügend Versuchsmaterial vorhanden ist.

Es ist übrigens angebracht, dass Sie jeden der Schülerversuche vor dem Unterricht selber durchführen. So erkennen Sie mögliche Probleme und können helfend eingreifen.

Beachten Sie bitte die Hinweise zur Entsorgung der Chemikalien! Die Reinigung von Reagenzgläsern oder anderen Glasbehältern überlassen Sie noch nicht Ihren Schülern – Glas bricht schnell entzwei!

Zu einem interessanten und motivierenden Unterricht wünschen Ihnen und Ihren Schülern viel Freude und Erfolg das Kohl-Verlagsteam und

Wolfgang Wertenbroch

Mit Schülern bzw. Lehrern etc. sind im vorliegenden Band selbstverständlich auch die Schülerinnen und Lehrerinnen gemeint. Zur besseren Lesbarkeit beschränken wir uns in diesem Band überwiegend auf die männliche Anrede.

Bedeutung der Symbole:

EA – **Einzelarbeit**

PA – **Partnerarbeit**

kG – **Arbeiten in kleinen Gruppen**

Vom Wert eines Versuchsprotokolls

Sie werden die Arbeitsblätter überflogen oder gelesen haben. Und dann sind Sie vielleicht zu dem Schluss gekommen, zunächst nicht alle Themen von den Schülern selbstständig bearbeiten zu lassen.

Vielleicht haben Sie auch nicht genügend Experimentiermaterial, um alle Schüler einzeln oder zu zweit einen Versuch durchführen zu lassen. Dann haben Sie immer noch die Möglichkeit, Versuche als „Lehrerversuche" durchzuführen. Ihre Schüler werden auch dann aktiv lernen können!

Sie haben folgende Möglichkeiten des Vorgehens:

➔ Die Schüler haben die kopierten Arbeitsblätter und lesen sie, während Sie einen Versuch vorbereiten.

➔ Schüler nennen die für den Versuch benötigten Arbeitsmittel und Chemikalien/ Stoffe und ordnen sie dem Material auf Ihrem Arbeitstisch zu: „Das längliche Glas ist ein Reagenzglas" – das Sie dann hochnehmen und zeigen usw..

➔ Sie lassen sich von den Schülern die Arbeitsschritte einzeln nennen, die Sie dann auch sofort durchführen.

➔ Nach Beendigung des Versuches füllt jeder Schüler ein Versuchsprotokoll aus.

➔ Wenn noch genügend Zeit bleibt, oder wenn es aufgrund schwieriger Beobachtungsverhältnisse erforderlich sein sollte, wird der Versuch erneut durchgeführt – von Ihnen oder von Schülern. Dann hat jeder Schüler auch Gelegenheit, sein Versuchsprotokoll zu verändern.

Die Versuchsprotokolle sind nicht nur als Arbeitsnachweis zu verstehen. Sie können Anleitung für häusliche Versuche sein und der Vorbereitung auf einen Test/auf eine Arbeit dienen. Und deshalb sollten die Versuchsprotokolle von Ihnen schon bald durchgesehen und gegebenenfalls korrigiert werden.

Erfahrungsgemäß bereitet es den Schülern Probleme, die Versuchsaufbauten einigermaßen passend zum wirklichen Aufbau zu zeichnen. Deshalb ist es hilfreich, wenn sich die Schüler an den Abbildungen der Arbeitsblätter orientieren.

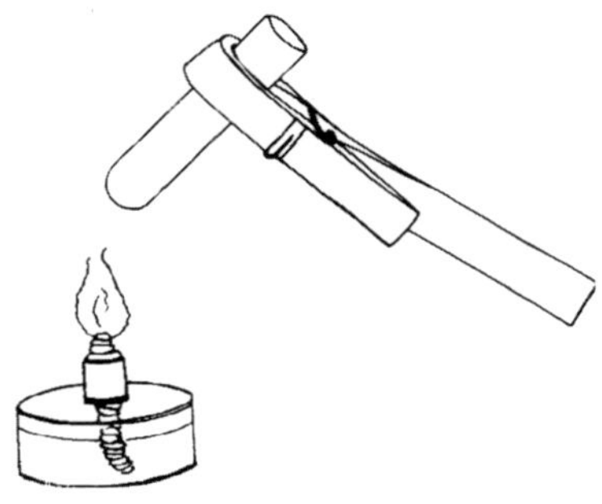

KOHL VERLAG Chemie fachfremd unterrichten Leichte Einstiege sofort umsetzbar – Bestell-Nr. 11 448

Vom Wert eines Versuchsprotokolls

Name: ______________________ *Datum:* ____________

Versuchsprotokoll

Aufgabe/Frage: ______________________

____

Versuchsmaterial: ______________________

____

Verwendete Stoffe: ______________________

____

Der Versuch:

____

____

____

____

____

____

____

____

____

____

____

____

KOHL VERLAG Lernen mit Erfolg
Chemie fachfremd unterrichten
Leichte Einstiege sofort umsetzbar – Bestell-Nr. 11 448

Vom Wert eines Versuchsprotokolls

Hier den Versuchsaufbau zeichnen:

Die Beobachtung: ______________________________

____

____

Die Auswertung, das Ergebnis:

____

____

____

____

KOHL VERLAG Chemie fachfremd unterrichten Leichte Einstiege sofort umsetzbar – Bestell-Nr. 11 448

1 So ist unsere Welt aufgebaut

Die Stoffe und ihre Aggregatzustände: Das Beispiel Wasser

EA

Aufgabe 1: *Alles, was dich umgibt, besteht und du selber bestehst aus Stoffen. Aus organischen Stoffen besteht die belebte Natur: Menschen, Tiere und Pflanzen. Die anorganischen Stoffe bilden die unbelebte Natur: Gestein, Wasser oder Luft. Dann gibt es noch die vom Menschen hergestellten künstlichen Stoffe.*

Damit du dir diese Infos besser merken kannst, trägst du die drei Stoffgruppen in die Kästchen der Übersicht ein.

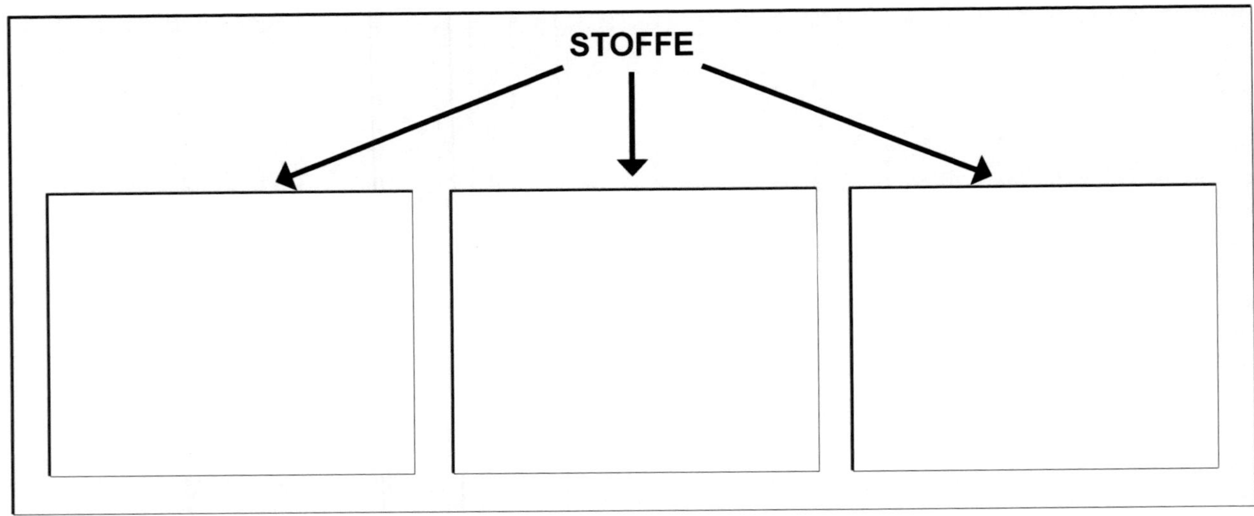

EA

Versuch 1: *Alle Stoffe lassen sich nach ihren Zustandsformen einteilen. Diese Zustandsformen (Aggregatzustände) sind: fest, flüssig, gasförmig. Diese Zustandsformen haben die Stoffe bei Raumtemperatur. Dann ist Wasser flüssig, Metall ist fest und dann ist die Luft gasförmig. Wenn die Raumtemperatur verändert wird, kann ein Stoff in andere Aggregatzustände übergehen.*

Für den folgenden Versuch brauchst du:

- 1 Spiritusbrenner und Zündhölzer
- 1 Reagenzglas
- 1 Reagenzglashalter
- 1 Reagenzglasgestell
- mehrere kleine Stückchen eines Eiswürfels
- eine feuerfeste Unterlage zum Ablegen heißer Gegenstände (z. B. Zündhölzer)

Spiritusbrenner

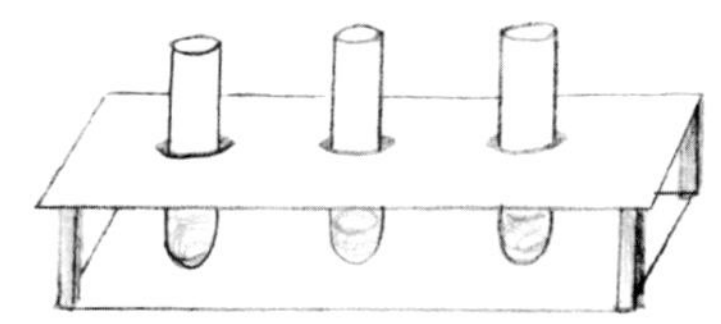

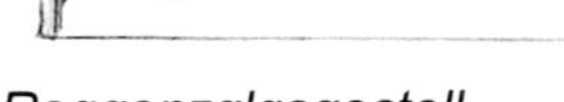

Reagenzglasgestell

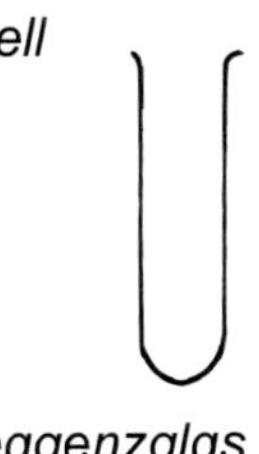

Reagenzglas

Reagenzglashalter

1 So ist unsere Welt aufgebaut

So geht der Versuch:

- Du fasst mit dem Reagenzglashalter das Reagenzglas 2–3 cm unterhalb der Öffnung.
- Zünde den Docht des Spiritusbrenners an.
- Gib zwei oder drei Stückchen des Eiswürfels in das Reagenzglas.
- Halte das Reagenzglas mit seinem unteren Teil in den oberen Teil der Flamme des Spiritusbrenners.
- Beende den Versuch, wenn aus dem Reagenzglas Wasserdampf aufsteigt. Stülpe die Kappe des Spiritusbrenners von der Seite her über die Flamme und ersticke sie.
- Stelle das Reagenzglas im Reagenzglasständer ab und entferne den Reagenzglashalter.

EA

Aufgabe 2: *Die Zusammenfassung im Rätsel.*

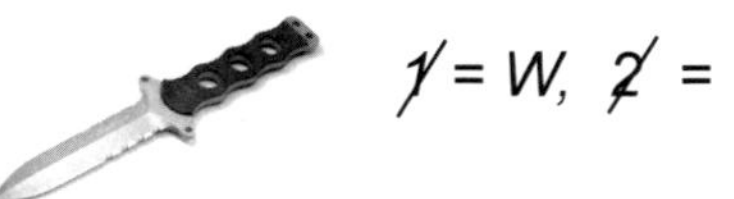

~~1~~ = W, ~~2~~ = a

➔ *Mit diesem Stoff hast du den Versuch durchgeführt:* ______________________

Die Silben für die nächsten zwei Lösungen:

FLÜS – FÖR – GAS – MIG – SIG

➔ *Dieser Stoff ist bei Raumtemperatur:* ______________________

➔ *Wenn man ihn stark erhitzt, wird dieser Stoff:* ______________________

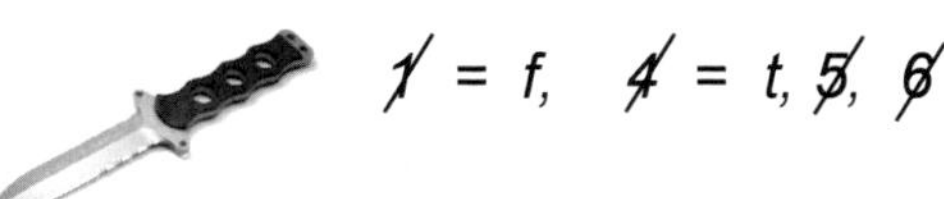

~~1~~ = f, ~~4~~ = t, ~~5~~, ~~6~~

➔ *Wenn man ihn stark abkühlt, wird er:* ______________________

EA

Aufgabe 3: *Du hast im Versuch den Stoff Wasser nacheinander in diesen Zustandsformen gesehen (bitte eintragen):*

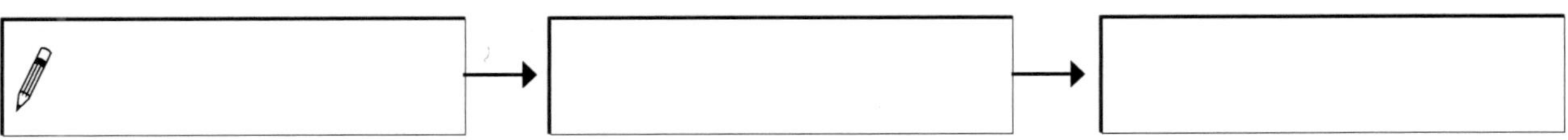

KOHL VERLAG
Chemie fachfremd unterrichten
Leichte Einstiege sofort umsetzbar – Bestell-Nr. 11 448

So ist unsere Welt aufgebaut

EA

<u>Versuch 2</u>: *Du brauchst:*

- 1 Reagenzglas
- ½ Teelöffel Kochsalz und etwas Wasser
- 1 Spiritusbrenner und Zündhölzer
- 1 Reagenzglashalter
- 1 Reagenzglasgestell
- 1 feuerfeste Unterlage zum Ablegen heißer Gegenstände

<u>So führst du den Versuch durch</u>:

- Fülle das Reagenzglas zu einem Viertel mit Wasser.
- Gib das Salz hinzu und schüttle das Reagenzglas so lange, bis sich das Salz gelöst hat. Halte beim Schütteln einen Finger auf die Öffnung des Reagenzglases.
- Erhitze die Lösung im Reagenzglas so lange, bis das Wasser verdunstet ist, und bis du das Salz im Reagenzglas erkennen kannst.

Vorsicht!
Beim Erhitzen des Wassers kann heißes Wasser aus dem Reagenzglas herausspritzen.
Halte das Reagenzglas etwas schräg zu einer Seite, wo sich keine Personen befinden. Du kannst das Spritzen verhindern, indem du das Reagenzglas gelegentlich leicht schüttelst.

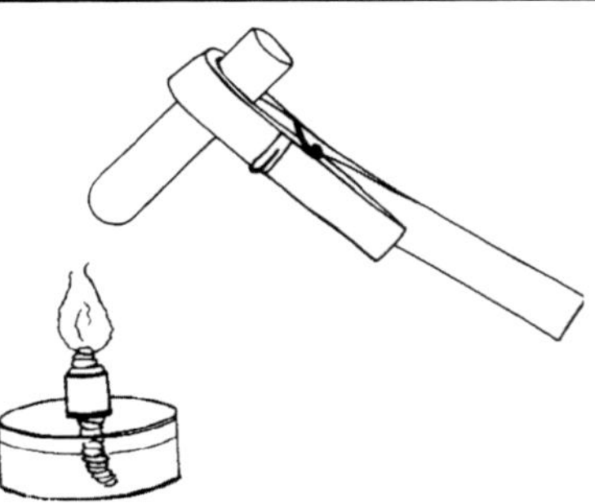

- Ersticke die Flamme des Spiritusbrenners, indem du die Kappe schräg von der Seite über die Flamme stülpst.

EA

<u>Aufgabe 4</u>: Setze *die Silben richtig ein:*

AG – DAMP – DE – FEN – GAT – GE – GRE – KOCH - MI – SALZ – SCHUNG – STÄN – TRENNT – VER – ZU

Deine Versuche zeigten dir noch keine chemischen Vorgänge. Im ersten Versuch hast du ______________________ kennen gelernt. Im zweiten Versuch hast du eine ______________ aus Wasser und ______________ hergestellt. Anschließend hast du diese Mischung durch ____________________ des Wassers wieder ______________.

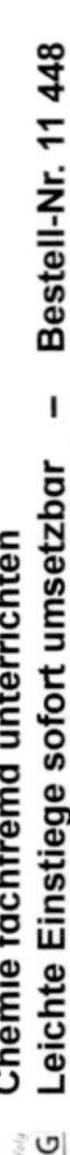

Unsere Welt ist aus kleinsten Teilchen aufgebaut

EA

Aufgabe 5: *Alles was uns umgibt, ist aus kleinsten Teilchen aufgebaut, den Atomen.*
*Manche Stoffe sind aus den Atomen einer einzigen Sorte aufgebaut. Diese Stoffe nennt man **Grundstoff** oder **Element**. Andere Stoffe bestehen aus den Atomen mehrerer Elemente; sie sind **Verbindungen** von Elementen.*
Das Wasser, mit dem du die Versuche durchgeführt hast, besteht aus zwei Sorten von Atomen, aus Wasserstoff und Sauerstoff. Wasser ist eine Verbindung dieser Atome.
Das Kochsalz in deinem Versuch ist eine Verbindung von Natrium und Chlor.
Wasserstoff, Sauerstoff, Natrium und Chlor sind Elemente.
*Die Elemente wurden in einer Übersicht dargestellt – **dem Periodensystem der Elemente**.*

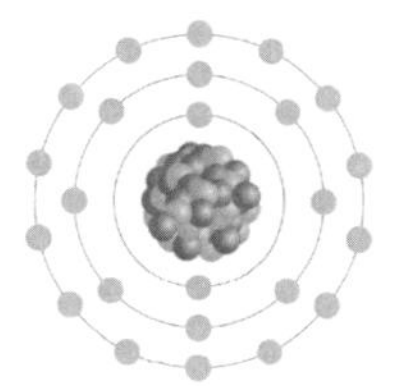

Für die nächsten Übungen brauchst du das Periodensystem (PSE) der Elemente (Umschlagseite).

*Aus dem Alltag kennst du viele der Stoffe. **Al**- oder **Fe**-haltige Geräte verwendet ihr im Haushalt, und **Au**-haltige Gegenstände oder **Ag**-haltige Teile liegen in einem Schmuckkästchen. Welche Stoffe sind mit **Al**, **Au**, **Ag** und **Fe** gemeint?*

____

____

EA

Aufgabe 6: *Vielleicht ist dir schon aufgefallen, dass Elemente wie Eisen oder Silber nicht mit den Anfangsbuchstaben dieser Wörter (E oder S) im Periodensystem der Elemente (PSE) bezeichnet sind. Die Symbole Fe und Ag wurden nach ihren lateinischen Namen **ferrum** und **argentum** im PSE aufgenommen.*

Ergänze die folgende Übersicht mit den Symbolen der Elemente.

Elementname	Symbol	Elementname	Symbol
Kohlenstoff		Sauerstoff	
Wasserstoff		Quecksilber	
Schwefel		Stickstoff	
Natrium		Calcium	

KOHL VERLAG Chemie fachfremd unterrichten
Leichte Einstiege sofort umsetzbar – Bestell-Nr. 11 448

1 So ist unsere Welt aufgebaut

EA

Aufgabe 7: *Ergänze die Namen der Elemente in den Klammern.*

Stahl enthält außer dem Element Fe (_______________) auch noch das Element C (_______________). Holz besteht vorwiegend aus C (_______________), H (_______________) und O (_______________).

Sand ist eine Verbindung von Si (_______________) und O (_______________).

Kunststoffe sind aus C (_______________), H (_______________), O (_______________), und N (_______________) zusammengesetzt.

Die Mine deines Bleistiftes besteht überwiegend aus C (_______________).

EA

Aufgabe 8: *Verbinde mit Stift und Lineal die Namen und die dazugehörigen Symbole.*

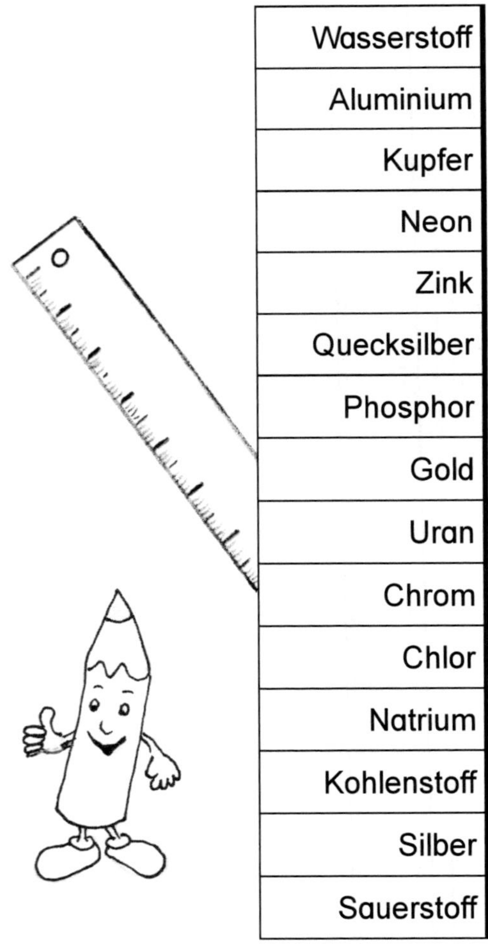

Wasserstoff
Aluminium
Kupfer
Neon
Zink
Quecksilber
Phosphor
Gold
Uran
Chrom
Chlor
Natrium
Kohlenstoff
Silber
Sauerstoff

Al
Cl
Au
P
Cr
Hg
H
Cu
Ne
Zn
Ag
C
U
O
Na

KOHL VERLAG
Chemie fachfremd unterrichten
Leichte Einstiege sofort umsetzbar – Bestell-Nr. 11 448

EA

Aufgabe 9: *Im Alltag lesen wir immer wieder chemische Formeln (Kurzzeichen) einiger chemischer Verbindungen, Aus welchen Elementen bestehen die Verbindungen in der Übersicht?*
Schreibe die Namen der Elemente jeweils in die rechte Spalte.

H_2O	Wasser	
H_2S	Schwefelwasserstoff	
H_2SO_4	Schwefelsäure	
SiO_2	Siliziumdioxid	
CO_2	Kohlenstoffdioxid	
Al_2O_3	Aluminiumoxid	
FeO	Eisenoxid	
CuO	Kupferoxid	
NaCl	Natriumchlorid	
HCl	Salzsäure	

EA

Aufgabe 10: *Eine Spielidee für Wiederholungen:*

- *Du brauchst drei auf Tonkarton kopierte Vorlagen für Würfel (Seite 14), eine Schere und Alleskleber. Schneide die Vorlagen aus, falze an den Linien und klebe mithilfe der Klebelaschen die Würfel zusammen.*
- *Schneide die Quadrate mit den deutschen Namen der Elemente aus.*
- *Klebe sie auf je eine Seite eines fertigen Würfels.*
- *Schneide auch die Quadrate mit den wissenschaftlichen Namen aus (Seite 15) und klebe sie auf einen weiteren Würfel.*
- *Du würfelst zunächst mit den wissenschaftlichen Namen. Deine Aufgabe besteht darin, den deutschen Namen des oben liegenden wissenschaftlichen Namens zu nennen. Du spielst nicht gegen einen Gegner, du willst die Namen richtig nennen können – das ist dein Ziel.*
- *Schwieriger wird es, wenn du mit den deutschen Namen würfelst. Zur Vorbereitung legst du neben den oben liegenden deutschen Namen den Würfel mit dem wissenschaftlichen Namen – der ebenfalls oben liegt. Wenn du das einige Male gemacht hast, gelingt es dir ohne Hilfe, die gewürfelten deutschen Namen zu „übersetzen“.*
- *Den dritten Würfel beschriftest du deutlich selber mit weiteren wissenschaftlichen Elementnamen.*

Chemie fachfremd unterrichten
Leichte Einstiege sofort umsetzbar – Bestell-Nr. 11 448

1 So ist unsere Welt aufgebaut

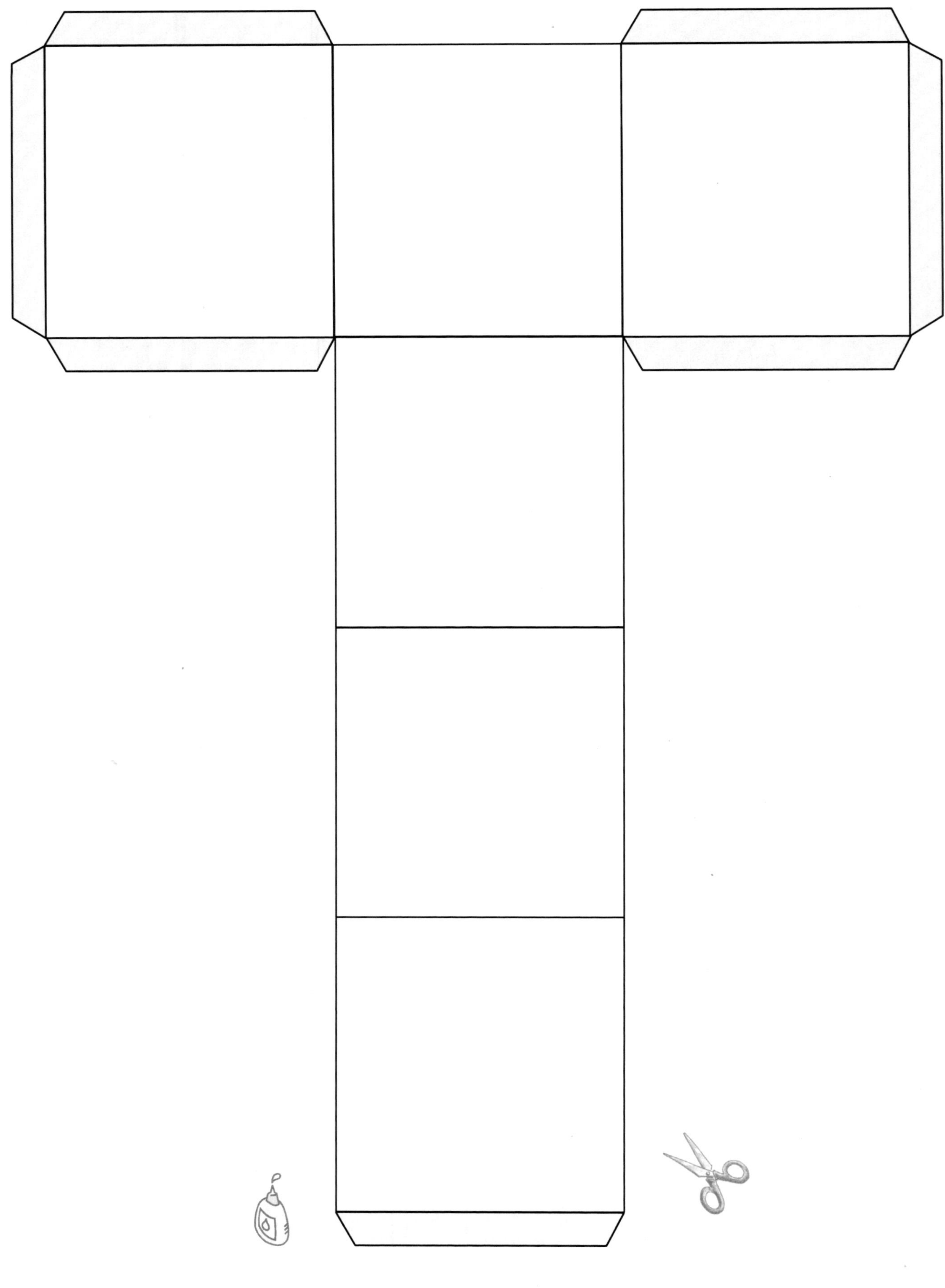

KOHL VERLAG Chemie fachfremd unterrichten
Leichte Einstiege sofort umsetzbar – Bestell-Nr. 11 448

1 So ist unsere Welt aufgebaut

Hydrogenium	Wasserstoff	Ferrum	Eisen
Nitrogenium	Stickstoff	Hydrargyrum	Quecksilber
Carboneum	Kohlenstoff	Argentum	Silber
Aurum	Gold	Calcium	Calcium
Sulfur	Schwefel	Natrium	Natrium
Plumbum	Blei	Cuprum	Kupfer

2 Eigenschaften von Stoffen – elektrische Leitfähigkeit

Du weißt, dass Stoffe fest, flüssig oder gasförmig sein können.
Stoffe haben allerdings auch noch andere Eigenschaften wie Aussehen, Verformbarkeit und elektrische Leitfähigkeit.
Hinsichtlich der elektrischen Leistfähigkeit ist es so, dass Stoffe leitend sind, nichtleitend oder halbleitend.

EA

Versuch 1: *Du brauchst:*

- 1 Kupferblech 1 cm x 10 cm
- 1 Glühlampe 3,8 V in Fassung
- 3 Experimentierschnüre mit Krokodilklemmen
- 1 Flachbatterie 4,5 V

Prüfe, ob das Kupferblech den elektrischen Strom leitet – und schreibe dein Ergebnis auf.

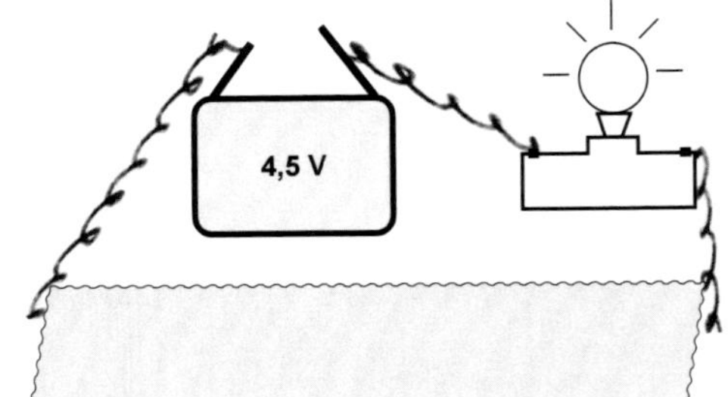

Kupferblech ________________________________

____ .

EA

Versuch 2: *Im nächsten Versuch stellst du eine chemische Verbindung her.*

Beim Erhitzen des Kupferbleches verbindet sich das Element Sauerstoff (O) aus der Luft mit dem Element Kupfer (Cu). Dadurch entsteht ein neuer Stoff, das schwarze Kupferoxid. Dafür brauchst du:

- 1 Stück Kupferblech 1 cm x 10 cm
- 1 Spiritusbrenner und Zündhölzer
- 1 Kombizange zum Festhalten des Kupferbleches
- 1 Fliese zum Ablegen heißer Gegenstände

- Entzünde den Docht des Spiritusbrenners.
- Nimm das Kupferblech mit der Kombizange an einem Ende und halte das andere Ende in die Flamme des Spiritusbrenners, bis sich auf dem Blech eine 1–2 cm breite schwarze Schicht bildet.

Prüfe, ob die schwarze Schicht auf dem Kupferblech den elektrischen Strom leitet.

Dein Ergebnis: ____ .

KOHL VERLAG
Chemie fachfremd unterrichten
Leichte Einstiege sofort umsetzbar – Bestell-Nr. 11 448

3 Trennverfahren der Chemie

Papierchromatografie

„**Trennverfahren**" ist eine Bezeichnung für Verfahren, die in der Chemie angewandt werden. Du kennst einige Trennverfahren aus dem Alltag. Wenn ihr zu Hause Kartoffeln gekocht habt, wird das Kartoffel-Kochwasser abgegossen, die Kartoffeln bleiben zum Abkühlen im Topf. Ihr habt Kartoffeln und Wasser durch Abgießen (Dekantieren) getrennt. In der Kaffeemaschine ist ein Filter, der den Kaffeesatz von dem durchlaufenden Kaffee trennt – der Kaffee wird gefiltert.

Aufgabe 1: *Das Trennverfahren „Papierchromatografie" wirst du im Versuch kennen lernen. Du brauchst dazu:*

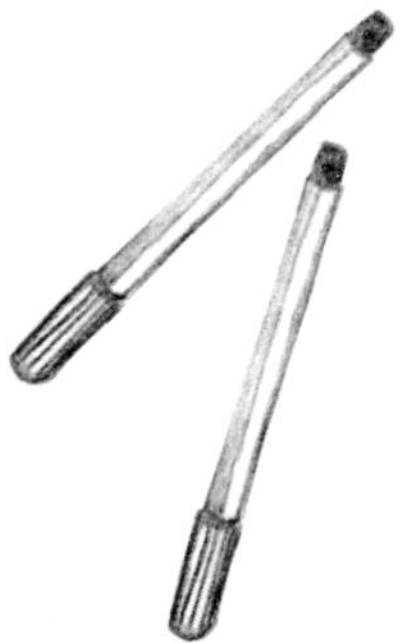

- 1 rundes Filtrierpapier 7 cm ø
- 1 Streifen Filtrierpapier 2 cm x 6 cm
- 1 Schere
- 1 Petrischale und Wasser
- 1 Filzschreiber schwarz oder blau, dunkelgrün oder dunkelrot

So geht es:

- Fertige aus dem Streifen Filtrierpapier eine Rolle (einen „Docht") von etwa 3 mm Dicke und 2 cm Länge an.

Filtrierpapier
Docht

- Stich in die Mitte des runden Filtrierpapiers ein Loch, das den „Docht" aufnehmen soll.

Filtrierpapier
Linie
Filzschreiber

- Stecke den „Docht" in das Filtrierpapier.
- Zeichne mit dem Filzschreiber um den „Docht" eine Linie.
- Fülle die Petrischale halbvoll mit Wasser.
- Lege das Filtrierpapier mit dem „Docht" auf den Rand der Petrischale und beobachte, was auf dem Filtrierpapier geschieht.

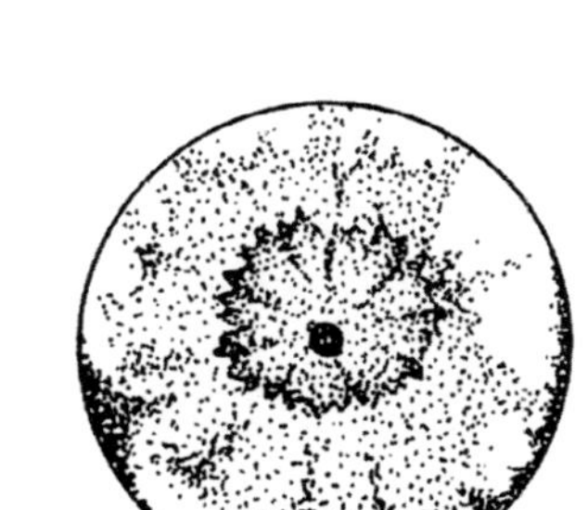

Aufgabe 2: *Wie viele Farbtöne kannst du auf dem Filtrierpapier unterscheiden? Welche Farbe hat sich am schnellsten, und welche hat sich am langsamsten ausgebreitet?*

Adsorption von Geruchsstoffen

Du weißt, wie man feste Stoffe von flüssigen Stoffen trennen kann.
Eine Trennung von gasförmigen Stoffen ist ebenfalls möglich.
Das Verfahren wird als **Adsorption** (lat. adsorbere = ansaugen) bezeichnet.

PA

Versuch 2: *Du brauchst:*

- 2 Reagenzgläser mit Stopfen
- 1 Pipette
- 1 Spatel
- Parfüm
- Gepulverte Aktivkohle
- 1 Uhr mit Sekundenzeiger

So geht ihr vor:

- Fülle mit dem Spatel in eines der Reagenzgläser etwa 1 cm hoch Aktivkohle.
- Gib in beide Reagenzgläser mit der Pipette je zwei Tropfen Parfüm.
- Überprüfe bei beiden Reagenzgläsern noch einmal den Geruch und verschließe sie mit den Stopfen.
- Schüttle beide Reagenzgläser kräftig 30 Sekunden lang.
- Führe erneut die Geruchsprobe durch.
- Du hast den Versuch erfolgreich durchgeführt, wenn du am Reagenzglas mit der Aktivkohle keinen Parfümgeruch mehr wahrnehmen kannst.

EA

Aufgabe 2: *Was in dem Versuch geschehen ist, erfährst du im folgenden Text. Du musst ihn nur noch mit diesen Begriffen vervollständigen:*

gasförmigen – Aktivkohle – Anlagerung – Parfüm

Unter Adsorption versteht man die ______________ von Teilchen (Atome, Moleküle) eines flüssigen oder ______________ (______________) Stoffes an der Oberfläche eines Festkörpers (______________).

KOHL VERLAG Chemie fachfremd unterrichten Leichte Einstiege sofort umsetzbar – Bestell-Nr. 11 448

EA

Aufgabe 3: *Welcher Stoff hat die Gasteilchen des Parfüms adsorbiert?*

EA

Aufgabe 4: *Ergänze die Abbildung:*

➔ *Verteile im dargestellten Reagenzglas acht Kreise. Sie sollen die Gasteilchen des Parfüms darstellen.*

➔ *Zwei Gasteilchen haben sich an der Aktivkohle angelagert.*

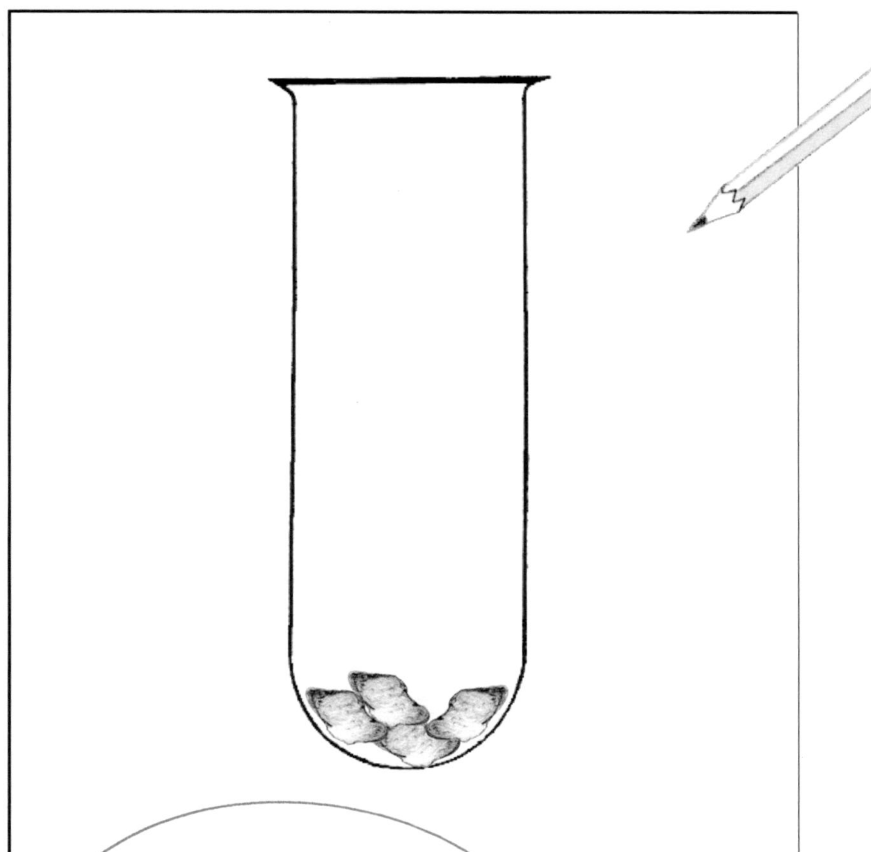

KOHL VERLAG Chemie fachfremd unterrichten Leichte Einstiege sofort umsetzbar – Bestell-Nr. 11 448

4 So stellen wir uns Atome und Moleküle vor

EA

Aufgabe 1: *Es wird angenommen, dass Atome die kleinsten Teilchen der Elemente sind.
Diese Teilchen sind so winzig, dass wir sie auch mit dem stärksten Mikroskop nicht sehen können. Damit wir eine Vorstellung von den Atomen haben, werden sie kugelförmig in riesiger Vergrößerung dargestellt.*

In deinen Versuchen hattest du Wasser verwendet. Wasser ist kein Element, sondern eine Verbindung zweier Elemente: ***Wasserstoff (H)*** *und* ***Sauerstoff (O)****.*

Das kleinste Teilchen einer Verbindung wird als Molekül bezeichnet.
Das Wassermolekül mit der chemischen Formel H_2O kannst du dir so vorstellen:
Zwei H-Atome sind mit einem O-Atom verbunden.

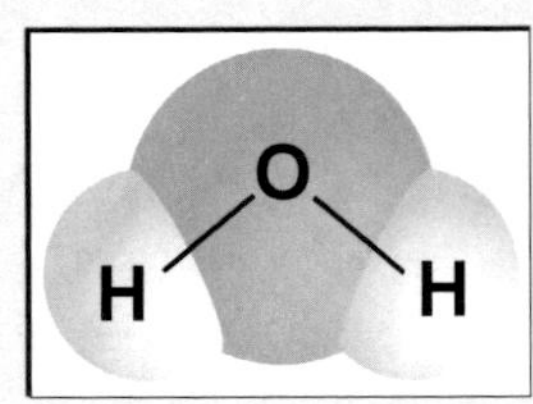

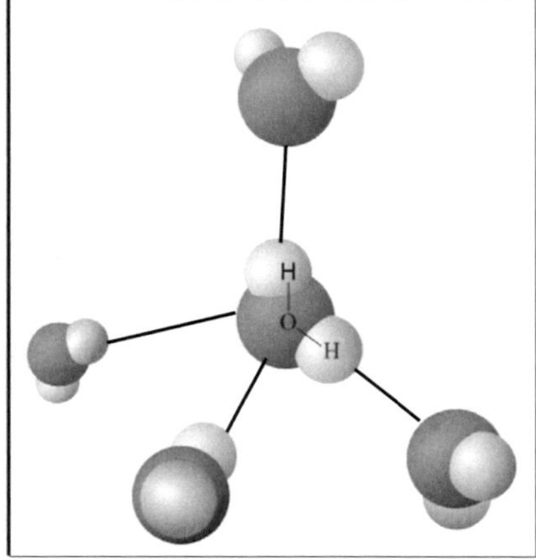

Das Wassermolekül besteht also aus zwei Atomen Hydrogenium und einem Atom Oxygenium.

*Weil Wasser nicht als einzelnes Molekül existiert, sollen einige Moleküle im Verbund dargestellt werden.
Trage in die Abbildung H und O ein.*

EA

Aufgabe 2: *Nachdem du den Docht des Spiritusbrenners angezündet hattest, blieb am erloschenen Zündholz ein schwarzer Rest übrig – Kohlenstoff. Ein Atom des Elementes* ***Kohlenstoff*** *kannst du dir so vorstellen:*

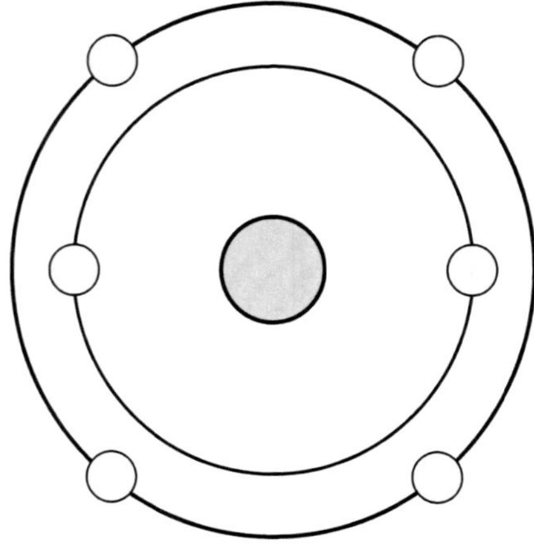

*Du siehst in der Mitte dieser Abbildung den Atomkern und eine Hülle um den Kern herum. In der Hülle befinden sich sechs weitere Teilchen, die Elektronen. Der Atomkern ist elektrisch positiv geladen, und die Elektronen sind elektrisch negativ geladen.
Trage für die positive Ladung ein Plus-Zeichen ein, für die negative Ladung trägst du ein Minus-Zeichen ein.*

KOHL VERLAG Chemie fachfremd unterrichten Leichte Einstiege sofort umsetzbar – Bestell-Nr. 11 448

4 So stellen wir uns Atome und Moleküle vor

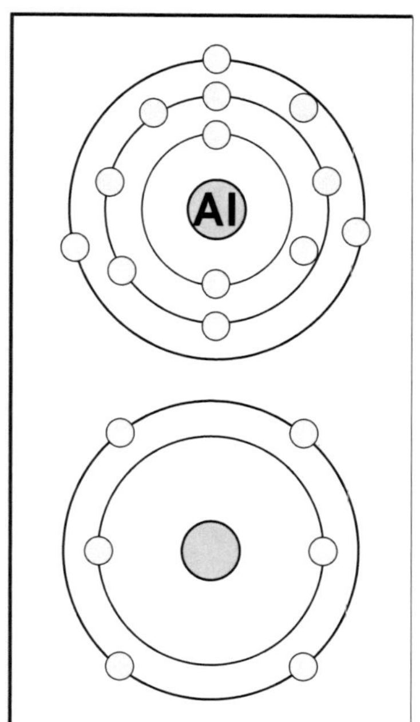

EA

Aufgabe 3:

Die Hülle denken wir uns so, als wäre sie aus Schalen zusammengesetzt.
*Ein Atom des Metalls **Aluminium** stellen wir uns so vor (Abb. oben).*
Wie viele Schalen sind bei diesen Atommodellen zu erkennen?

Das Kohlenstoff-Atom hat _______ Schalen,

beim Al-Atom sind _______ Schalen vorhanden.

EA

Aufgabe 4: *Du brauchst das PSE.*

Am linken Rand erkennst du von oben nach unten die Zahlen von 1 bis 7.
Sie geben die Anzahl der Schalen der einzelnen Atome an.
Wie viele Schalen haben diese Atome? Trage ihre Anzahl in die entsprechende Spalte ein.

Eisen Fe		Gold Au		Natrium Na	
Silber Ag		Aluminium Al		Schwefel S	
Sauerstoff O		Blei Pb		Kupfer Cu	

EA

Aufgabe 5: *Links neben den Elementangaben siehst du wieder Zahlen. Diese Zahlen geben die Anzahl der Elektronen in der Hülle des Atoms an.*

Für die nächsten Aufgaben gehst du so vor:

➔ *Du suchst zuerst die Anzahl der Schalen.*

➔ *Dann siehst du, wie viel Elektronen das gesuchte Atom hat.*

➔ *Beide Angaben findest du im PSE wieder und du weißt, welches Element gesucht wird.*

KOHL VERLAG Chemie fachfremd unterrichten
Leichte Einstiege sofort umsetzbar – Bestell-Nr. 11 448

4 So stellen wir uns Atome und Moleküle vor

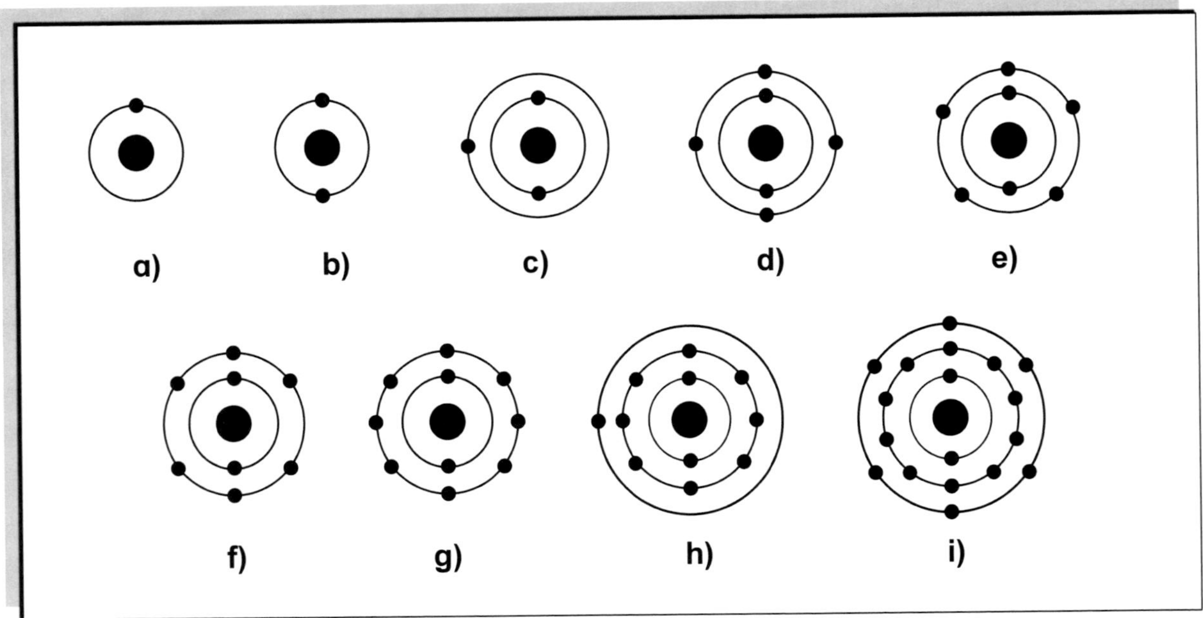

➔ *Trage die Namen der Elemente ein.*

a) = 

b) = ______________________

c) = ______________________

d) = ______________________

e) = ______________________

f) = ______________________

g) = ______________________

h) = ______________________

i) = ______________________

EA

Aufgabe 6: *Wie heißen diese Elemente? Trage die fehlenden Angaben ein.*

Schalen	Elektronen	Symbol	Name des Elements
5	47		
4	29		
2	6		
3	13		
4	26		
6	82		
6	79		

KOHL VERLAG Chemie fachfremd unterrichten Leichte Einstiege sofort umsetzbar – Bestell-Nr. 11 448

4 So stellen wir uns Atome und Moleküle vor

Vom Bau der Atome

Alles hat seine Geschichte, auch die Chemie.

EA

Aufgabe 7: *Damit du auch darüber Bescheid weißt, vervollständigst du mit diesen Begriffen den Lückentext:*

Wissenschaft – einzelnen – Atomhülle – Teilchen – Atommodell – unzähligen

Schon im 5. Jahrhundert v. Chr. sagte der griechische Philosoph Demokrit, dass die Welt aus ____________________ kleinen, unteilbaren ____________________ besteht, den Atomen.

Die moderne ________________________ konnte zeigen, dass Demokrit Recht hatte. Die Welt besteht wirklich aus unzähligen kleinen Teilchen.

Allerdings zeigte sie, dass auch die Atome aus ____________ Teilchen bestehen.

Nils Bohr
(7.10.1885–18.11.1962)

Im Jahre 1913 schuf der dänische Physiker Nils Bohr ein ____________________, das heute immer noch gültig ist.

Danach stellen wir uns das Atom so vor.

Kleinste Teilchen umkreisen in der ____________________ einen gemeinsamen Mittelpunkt, den Atomkern.

KOHL VERLAG Chemie fachfremd unterrichten Leichte Einstiege sofort umsetzbar – Bestell-Nr. 11 448

So stellen wir uns Atome und Moleküle vor

Aufgabe 8: *Du brauchst das Periodensystem der Elemente (PSE).*

Die Verbindungen des Silicium bilden die meisten Gesteine auf unserer Erde. Sie bilden auch das Lieblingsspielzeug deiner frühen Kinderjahre, den Sand. Und neuerdings wird Silicium bei der Anfertigung von Solarzellen verwendet.

Das Atommodell (nach Bohr) für Silicium sieht so aus:

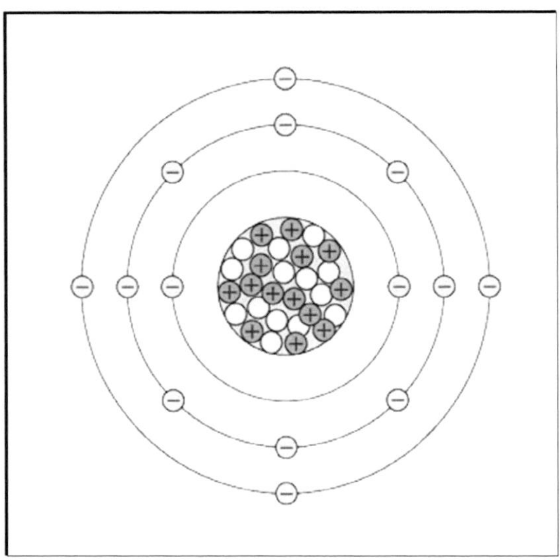

a) *Ergänze die fehlenden Angaben.*

- ➔ Der Atomkern enthält ______ elektrisch positiv geladene Teilchen Protonen und 14 elektrisch nicht geladene Teilchen (Neutronen).
- ➔ Um den Atomkern kreisen _____ elektrisch negativ geladene Teilchen (Elektronen).
- ➔ Die Elektronen kreisen auf _____ Schalen um den Kern.
- ➔ Die Schale direkt um den Atomkern ist die K-Schale. Schreibe die Buchstaben K, L und M an die Schalen in der Abbildung.

b) *Ergänze die folgende Übersicht.*

Bezeichnungen der Schalen	Anzahl der Elektronen

KOHL VERLAG Chemie fachfremd unterrichten Leichte Einstiege sofort umsetzbar – Bestell-Nr. 11 448

4 So stellen wir uns Atome und Moleküle vor

Stahlkugeln als feste, flüssige und gasförmige Körper und als Molekül-Modelle

EA

Aufgabe 9: *Du brauchst:*

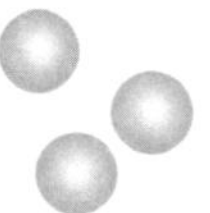

- die Lade einer Zündholzschachtel und
- 10 Stahlkugeln 10 mm ø aus einem Kugellager (z. B.vom Schrottlager einer KFZ-Werkstatt)

So geht´s:

- Lege möglichst viele Stahlkugeln in die Lade der Zündholzschachtel.
- Lege die Lade mit den Stahlkugeln auf den Tisch. Schiebe die Lade schnell hin und her und beobachte das Verhalten der Stahlkugeln.
- Nimm vier Kugeln aus der Lade heraus und schiebe wieder schnell hin und her.
- Nimm weitere drei Kugeln heraus und schiebe die Lade wieder.

EA

Aufgabe 10: *Mit diesen Silben setzt du die im folgenden Text fehlenden Wörter zusammen und schreibst sie in die Lücken.*

BE – GE – HE – KÖR – KÜ – LE – LE – LER – LER – MEN – MO – NOM – PER – RAUS – SCHNEL – SCHNEL – TEN – WEG

Die dicht gepackten Stahlkugeln im ersten Versuch verhalten sich wie die

____________________ eines festen Körpers – sie bewegen sich kaum.

Der ____________________ (die Gesamtheit der Kugeln / Moleküle) ist fest.

Dann hast du einige Kugeln (Moleküle) ____________________.

Die übrigen Stahlkugeln (Moleküle) können sich ____________________ bewegen –

wie Moleküle einer Flüssigkeit. Nachdem du weitere Stahlkugeln herausgenommen

hast, ____________________ sich die übrigen Stahlkugeln (Moleküle) sehr

viel ____________________ als die Moleküle von Gasen.

KOHL VERLAG Chemie fachfremd unterrichten Leichte Einstiege sofort umsetzbar – Bestell-Nr. 11 448

4 So stellen wir uns Atome und Moleküle vor

EA

Aufgabe 11: *Du brauchst:*

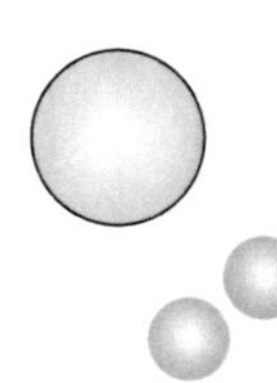

- 1 Stahlkugel 10 mm ø
- 2 kleinere Stahlkugeln und
- 1 starken Stabmagneten

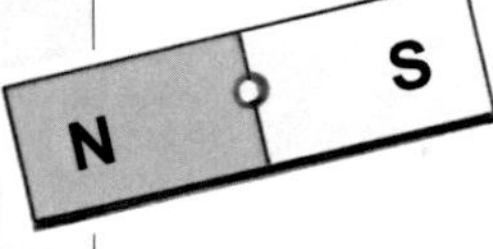

Die Vorbereitung:

Atome und Moleküle werden oft kreis- oder kugelförmig dargestellt. Die Kugelform kommt der Wirklichkeit wohl am nächsten. Noch deutlicher wird ein Molekül, wenn du es mit Kugeln (Körpern) darstellst. Dann kannst du auch Bindungskräfte darstellen und in ihrer Wirkung erkennen.

- *Du legst an den einen Pol des Magneten die große Stahlkugel. Die beiden kleinen Stahlkugeln legst du an den anderen Pol des Magneten.*

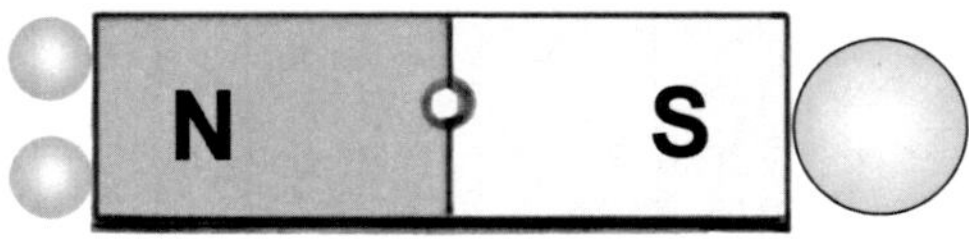

- *Nach wenigen Minuten schon sind die Stahlkugeln magnetisch geworden. Wenn du sie auf einer waagerechten glatten Fläche nahe aneinander legst, ziehen sie sich gegenseitig an. Dabei bilden sie etwa die Gestalt eines Molekül-Modells. Wenn sie es nicht tun, kannst du etwas nachhelfen – und das gelingt immer.*

EA

Aufgabe 12: *Du hattest Stahlkugeln an die beiden Pole des Magneten verteilt. Was würde geschehen, wenn du sie alle am selben Pol magnetisch werden lässt? Auch wenn du es weißt, führst du den Versuch durch, und dann hast du deine Vermutung bestätigt.*

EA

Aufgabe 13: *Die Atome der Moleküle werden* ***nicht durch (ferro-)magnetische Kräfte zusammengehalten****. Hier wirken vielmehr elektrische Kräfte, die sich wie beim Ferromagnetismus (Ferro = Eisen) anziehen oder abstoßen.*

- *Lege auf eine waagerechte glatte Fläche (Tisch) eine große und zwei kleine Stahlkugeln dicht nebeneinander, sie sollen sich aber nicht berühren. Wenn du Glück hast, streben die beiden kleinen Kugeln zur großen Kugel hin und bilden ein Molekül-Modell. Vielleicht ist in den Kugeln irgendwo her etwas Restmagnetismus vorhanden?*

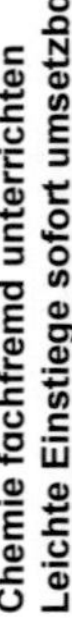

KOHL VERLAG Chemie fachfremd unterrichten Leichte Einstiege sofort umsetzbar – Bestell-Nr. 11 448

So stellen wir uns Atome und Moleküle vor

Moleküle

EA

Aufgabe 14: *Du brauchst das Periodensystem der Elemente.*
Suche im PSE die Edelgase He, Ne, Ar, Kr und Xe.

Das lohnt sich zu merken:

Die Elemente der Edelgase liegen als Einzelatome vor.

Viele Elemente enthalten als kleinste Teilchen ***Elementmoleküle*** *aus gleichen Atomen. Sie sind feste Zusammenschlüsse zweier Atome zu einer Einheit.*

Dazu gehören z. B. Wasserstoff (H_2), Sauerstoff (O_2) und Stickstoff (N_2).

Ergänze die folgende Übersicht mit den Bezeichnungen der Elemente und mit der tiefgestellten Ziffer für zwei Atome.

Symbol ergänzen	Bezeichnung eintragen
Cl	
F	
Br	
I	

EA

Aufgabe 15: ***Der kleinste Baustein einer chemischen Verbindung ist das Molekül.***

Im Alltag hast du häufig Kontakt mit Wassermolekülen. Ein Wassermolekül stellen wir uns so vor: 2 Atome Wasserstoff (H_2) und 1 Atom Sauerstoff (O) sind zu einem Molekül verbunden. Die Angabe H_2 benennt die Anzahl der H-Atome.

Male die Abbildung des O-Atoms rot an.
Die H-Atome malst du blau an,
und die Bindearme werden schwarz.

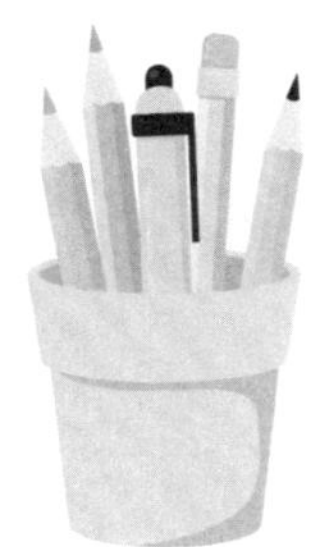

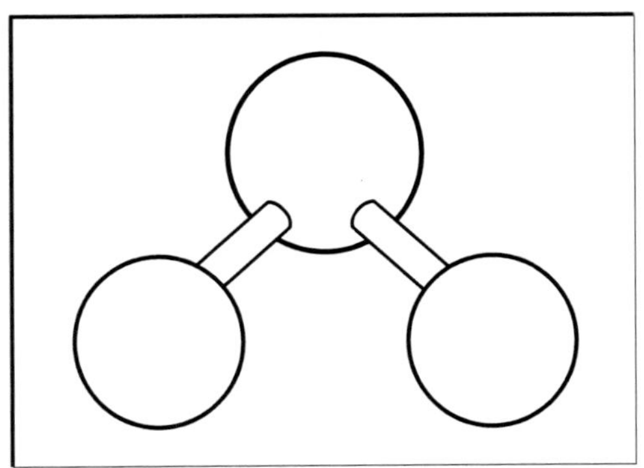

Chemie fachfremd unterrichten
Leichte Einstiege sofort umsetzbar – Bestell-Nr. 11 448

4 So stellen wir uns Atome und Moleküle vor

Aufgabe 16: *Diese Abbildung mit ihren vielen Molekülen sieht schon eher nach Wasser aus. Male hier entsprechend farbig an und zeichne auch die Bindearme etwas verstärkt nach.*

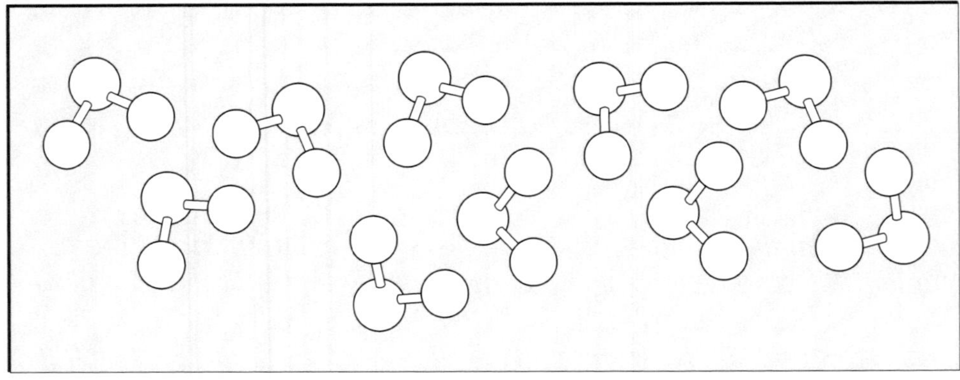

Aufgabe 17: *Das Wort „Kohlendioxid" (**CO_2**) wirst du oft gehört haben. Das Molekül stellen wir uns so vor: 1 Atom Kohlenstoff (O) ist mit 2 Atomen Sauerstoff (O_2) verbunden.*

Beschrifte die Abbildung unter den Darstellungen der Atome mit C und mit O.

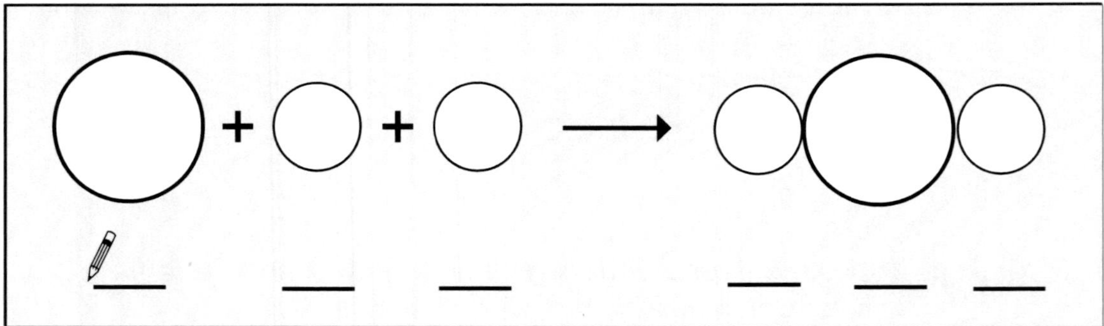

Aufgabe 18: *Zu den schädlichen Gasen gehört auch das **SO_2**.*

➔ *Welche Elemente bilden dieses Gas?*

____

➔ *Wie viele Teilchen/Atome sind an dieser Verbindung beteiligt?*

____

Aufgabe 19: *Als Kind wirst du mit Vorliebe mit Sand und Wasser geschmiert haben. Ohne es zu wissen, hattest du* SiO_2 *und* H_2O *vermischt und zu Pampe „verarbeitet“.*

Das PSE hilft dir, diese Aufgabe zu bearbeiten:

Sand besteht u. a. aus Si = ________________ und O = ________________.

An der Bildung des Moleküls SiO_2 ist das Si mit ________ Atom beteiligt.

Der O steuert ________ Atome bei.

EA

Aufgabe 20: *So wird Schwefelsäure geschrieben:* H_2SO_4

Fülle die Übersicht aus.

So heißt das Element	Anzahl der Atome
H =	
S =	
O =	

Aufgabe 21: *Chemie ist nicht nur eine Naturwissenschaft und nicht nur ein Schulfach. Im Alltag begegnest du ihr ständig. Und nach deiner Schulzeit besuchst du vielleicht eine Berufsschule.*

In der Klasse der Maler und Anstreicher lernst du die Summenformel der Rostschutzfarbe: Pb_3O_4.
Die Klasse im Flur nebenan befasst sich mit Waschmitteln und mit Trikaliumphosphat K_3PO_4.

In der Übersicht ergänzt du beide Stoffe.

Pb = **Blei**	**3**
O =	
K =	
P =	
O =	

KOHL VERLAG Chemie fachfremd unterrichten
Leichte Einstiege sofort umsetzbar – Bestell-Nr. 11 448

4 So stellen wir uns Atome und Moleküle vor

EA

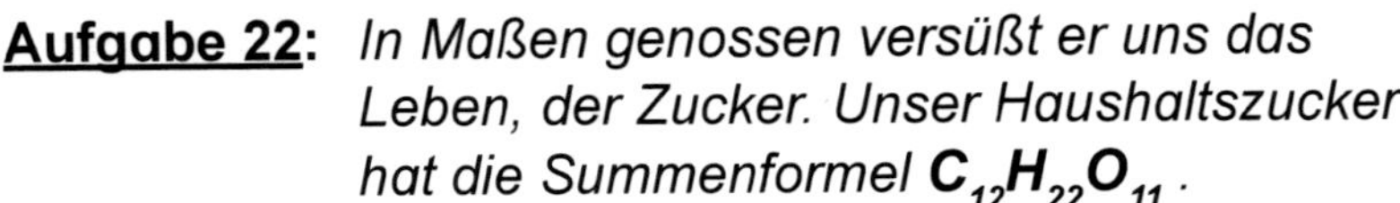

Aufgabe 22: *In Maßen genossen versüßt er uns das Leben, der Zucker. Unser Haushaltszucker hat die Summenformel* $C_{12}H_{22}O_{11}$.

Zwei der verbundenen Elemente kannst du sichtbar werden lassen.

Du brauchst:

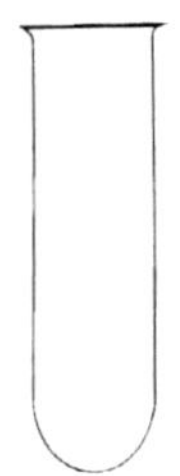

- 1 Spiritusbrenner, Zündhölzer und eine feuerbeständige Unterlage zum Ablegen heißer Gegenstände
- 1 Reagenzglas
- 1 Reagenzglashalter
- 1 Reagenzglasgestell
- Haushaltszucker
- 1 Schutzbrille

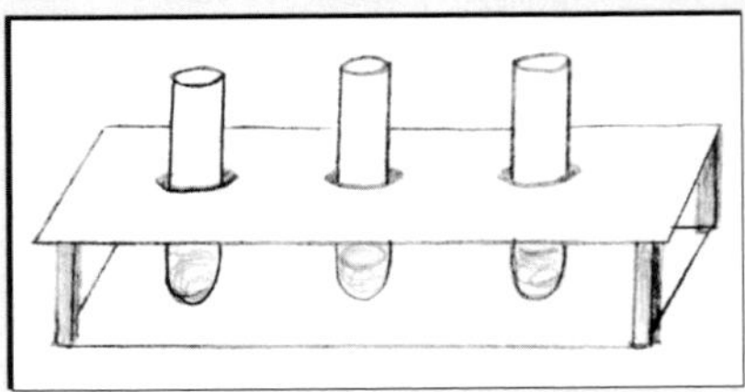

So trennst du zwei der im Zucker enthaltenen Elemente:

- *Gib 10 Kristalle Zucker in das Reagenzglas.*
- *Entzünde den Spiritusbrenner und erhitze langsam den Zucker im Reagenzglas und beobachte, was im Reagenzglas geschieht.*
- *Erhitze weiter, bis sich am Boden des Reagenzglases eine schwarze Schicht gebildet hat.*
- *Stelle das Reagenzglas im Reagenzglasständer ab und ersticke die Flamme des Spiritusbrenners.*

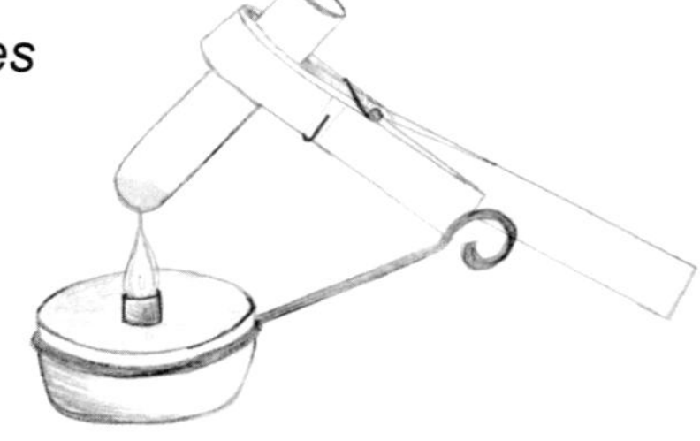

EA

Aufgabe 23: ➔ *Woran hast du erkannt, dass H ein Element des Moleküls ist?*

____

____

____

➔ *Um welches Element handelt es sich bei der schwarzen Schicht am Boden des Reagenzglases?*

____

____

5 Chemie ist die Wissenschaft von Stoffen und Verbindungen

Lehrer-Arbeitsblatt – Kupfersulfid

Sie brauchen:

- 1 Dezimalwaage
- 4 g Kupferpulver
- 1 g Schwefelpulver
- 1 Spatel zum Vermischen
- 1 Reibschale
- 1 Reagenzglas
- 1 Trichter
- 1 Reagenzglashalter
- 1 Reagenzglasständer
- 1 Spiritusbrenner
- 1 Schutzbrille
- 1 Hammer
- mehrere Lagen Zeitungspapier
- Frischluft am geöffneten Fenster

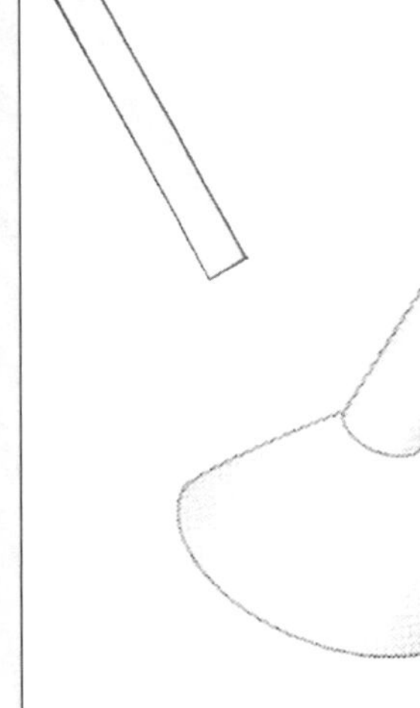

Die Schüler brauchen: • 1 Kopie „Versuchsprotokoll" (Seite 6–7).

Der Versuch:

- *Mit dem Spatel vermischen Sie in der Reibschale Kupferpulver und Schwefelpulver. Dabei nennen Sie die Geräte, die Stoffe und Sie beschreiben Ihr Verhalten.*
- *Sie geben das Stoffgemisch durch den Trichter in das Reagenzglas.*
- *Das Stoffgemisch wird über dem Spiritusbrenner so lange erhitzt, bis es aufglüht.*
- *Das Reagenzglas wird zum Abkühlen abgestellt. Die Schüler beginnen, das Versuchsprotokoll auszufüllen.*
- *Wenn das Reagenzglas nur noch handwarm ist, wickeln Sie es in mehrere Lagen Zeitungspapier und schlagen mit dem Hammer darauf.*
- *Der neue Stoff wird zwischen den Splittern herausgenommen und mit den Ausgangsstoffen verglichen.*
- *Zeitungspapier und Splitter werden in den Restmüll entsorgt. Das Kupfersulfid kommt zum Schwermetallabfall. Bitte hierfür Sammelbehälter bereithalten.*

KOHL VERLAG Chemie fachfremd unterrichten Leichte Einstiege sofort umsetzbar – Bestell-Nr. 11 448

Schüler-Arbeitsblatt – Kupfersulfid

EA

Aufgabe 1: *Ergänze den Lückentext mit diesen Begriffen:*

Energiezufuhr – Verschwinden – Stoffe – Ausgangsstoffe – Reaktion – Industrie – neuer

Die wissenschaftliche Chemie, die chemische ______________ und die Schulchemie befassen sich mit Vorgängen, bei denen neue __________ entstehen.

Viele dieser Vorgänge laufen aber nicht von allein ab; sie müssen häufig durch __________________ wie Erhitzen ausgelöst werden.

Im folgenden Lehrerversuch werden zwei ____________________ verwendet: Kupfer und Schwefel.

Im Versuch wird aus diesen Stoffen ein _________ Stoff entstehen.

Dieser Vorgang, bei dem ein neuer Stoff unter gleichzeitigem ________________ der Ausgangsstoffe entsteht, wird als chemische _____________ bezeichnet.

EA

Aufgabe 2: *Mit welchen Stoffen wird im Versuch experimentiert?*

____

____

____

EA

Aufgabe 3: *Welche Energie wird dem Stoffgemisch zugeführt?*

____

____

____

KOHL VERLAG Chemie fachfremd unterrichten Leichte Einstiege sofort umsetzbar – Bestell-Nr. 11 448

EA

Aufgabe 4: *Die beiden Ausgangsstoffe sind nach der Reaktion nicht mehr vorhanden, sie sind zu einem neuen Stoff geworden.*

~~2~~ = u, ~~3~~ = p

~~2~~, ~~4~~

~~1~~, ~~3~~ = i, ~~4~~

So heißt er:

____

PA

Aufgabe 5: *Bevor ein Experiment durchgeführt wird, muss eine Frage überlegt werden, die beantwortet werden soll. Das Experiment soll dann mit seinem Ergebnis eindeutig die Antwort geben.*

> *Das Problem, die Frage.*
>
> ***Der Versuch wurde mit Kupferpulver und mit Schwefelpulver durchgeführt.***
> ***Das Ergebnis ist bekannt – es ist ein neuer Stoff entstanden.***
>
> ***Könnte man den Versuch mit dem gleichen Ergebnis durchführen mit Kupferfolie und Schwefelpulver?***

Was spricht dafür, und was spricht dagegen?

____

____

____

____

____

____

Chemische Verbindungen um uns herum

EA

Aufgabe 6: Chemische Verbindungen entstehen ständig. Viele Verbindungen entstehen ohne unser Zutun. Es gibt aber auch Verbindungen, die von uns in großen Mengen hergestellt werden. Dazu gehört das Schwefeldioxid. Es entsteht bei Verbrennungsprozessen durch Oxidation des Schwefels, der in Kohle und Öl und Ölprodukten wie Treibstoffen enthalten ist.

Wenn das Schwefeldioxid sich mit Wasser verbindet, entsteht Schweflige Säure. Diese Säure hattest du im Versuch bereits nachgewiesen.
*Schwefelige Säure entsteht nicht nur im Schülerversuch. Sie entsteht auch, wenn Regen auf Schwefeldioxid trifft. Das Ergebnis wird als „**Saurer Regen**" bezeichnet.*
Mit einem Modell kannst du die Entwicklung des Sauren Regens gut darstellen.

Du brauchst:

- Pappe
- die Abbildungen 1 und 2 von Seite 35
- 1 Musterklammer
- Buntstifte und 1 Bleistift
- Schere, Cutter
- 1 Schneideunterlage
- 1 Klebstift

So entsteht dein Modell:

- *Schneide das Rechteck der Abb. 1 aus.*
- *Schneide dann den Kreis der Abb. 2 aus.*
- *Male die Gebäude und das Auto farbig an.*
- *Aus dem Schornstein und aus dem Auto entweicht Schwefeldioxid. Male dieses Gas mit Bleistift hellgrau an.*
- *Die Wolke regnet sich aus. Male mit einem blauen Stift gestrichelten Regen, der von der Wolke auf die Bäume und auf den Boden fällt.*
- *Der Regen verbindet sich mit Schwefeldioxid, er wird zum sauren Regen. Boden und Bäume werden dadurch geschädigt. Bäume und andere Pflanzen sterben ab. Male die Baumkronen grün, dann darüber braun und darüber gelb an. So werden die Farben nacheinander aufgetragen. Die Stämme werden braun angemalt. Male dann das Gras auf dem Boden. Das Gras besteht ebenfalls aus einer Mischung von Grün, Braun und Gelb.*
- *Schreibe unter die Gebäude: Private Haushalte, Fabriken, Kohlekraftwerke.*
- *Klebe die beiden Abbildungen auf Pappe.*
- *Nach dem Trocknen schneidest du mit dem Cutter die beiden Dreiecke aus.*
- *Stich in die Mitte von Abbildung und Kreis ein Loch für die Musterklammer.*
- *Baue dann mit der Klammer beide Teile zusammen.*

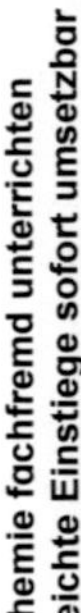

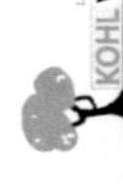

5 Chemie ist die Wissenschaft von Stoffen und Verbindungen

1

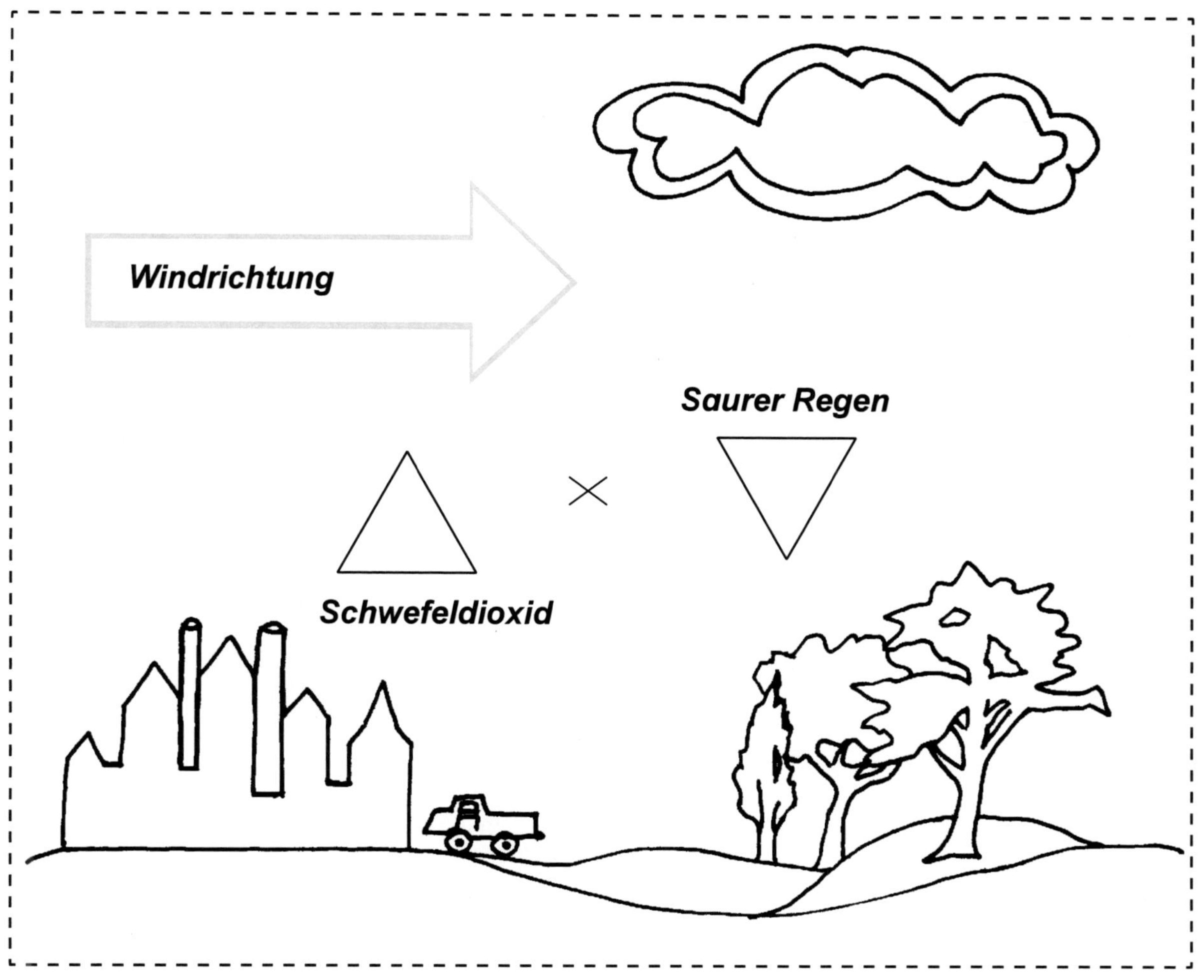

2

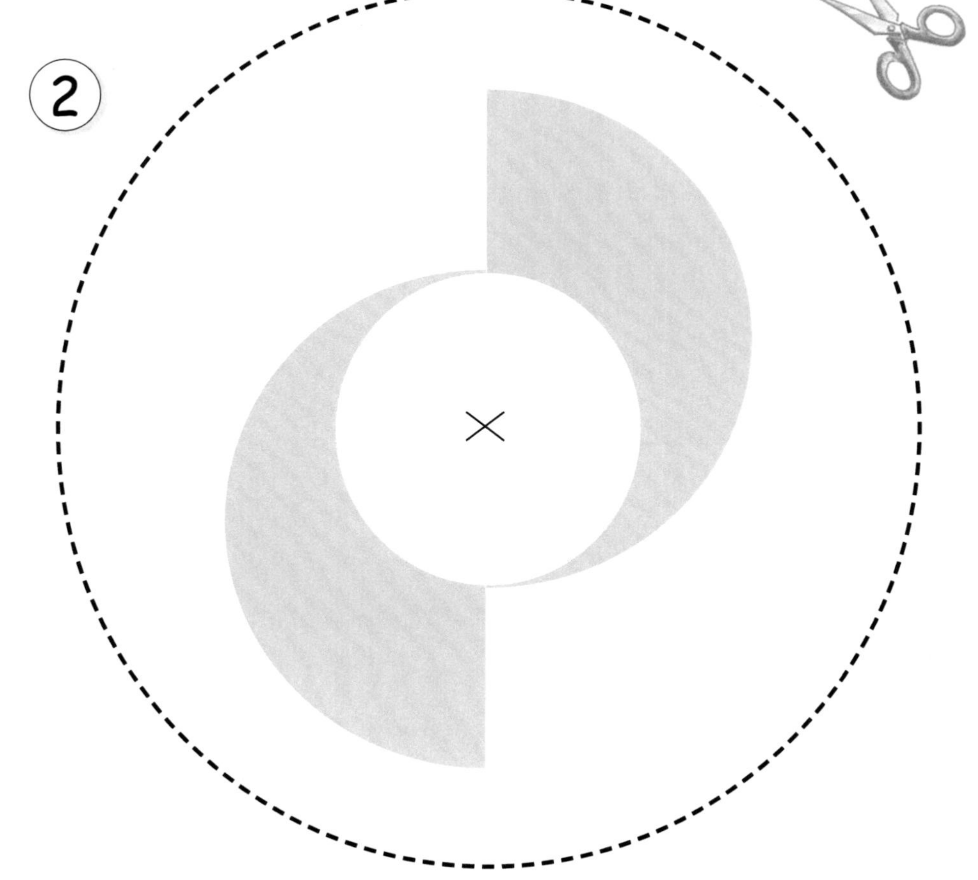

5 Chemie ist die Wissenschaft von Stoffen und Verbindungen

Lehrerversuch: Chemie ist durchaus nicht nur als etwas Schädliches zu sehen. Sie dient ebenfalls dazu, entstandene Schäden zu „reparieren". Dazu gehört das Kalken von Wäldern bzw. Waldboden, den der saure Regen geschädigt hat.

Wir brauchen:

- 1 kleines Becherglas
- 1 Messzylinder
- Wasser
- 1 Verbrennungslöffel
- Schwefelpulver (Vorsicht, Schwefel ist feuergefährlich!)
- 1 Spatel
- große Zündhölzer
- 1 Fliese zum Ablegen heißer Gegenstände
- 1 Pappe, in der Mitte so durchbohrt, dass der Stiel des Verbrennungslöffels hindurch passt. Die Pappe ist so groß, dass sie die Öffnung des Becherglases bedeckt.
- 10 cm Universal-Indikatorpapier
- 1 Arbeitsplatz am offenen Fenster (Belüftung)

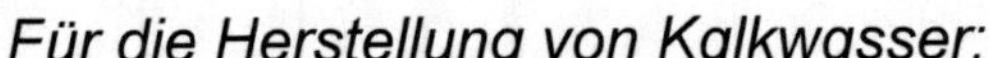

Für die Herstellung von Kalkwasser:

- 1 Reagenzglas mit Stopfen
- 1 Spatel
- gebrannter Kalk (Calciumoxid)
- Wasser
- 1 kleines Becherglas für Kalkwasser
- Reagenzglasgestell

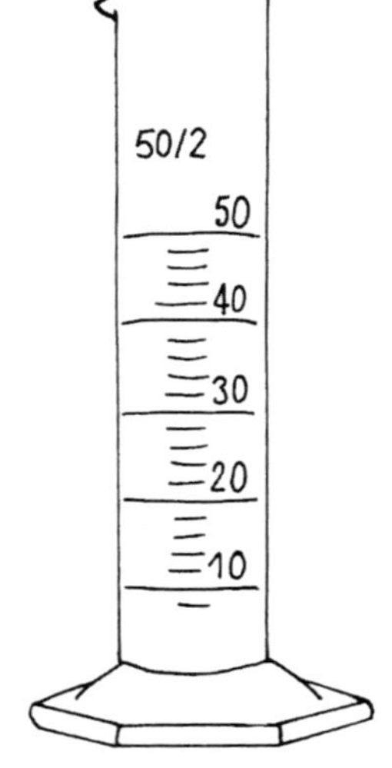

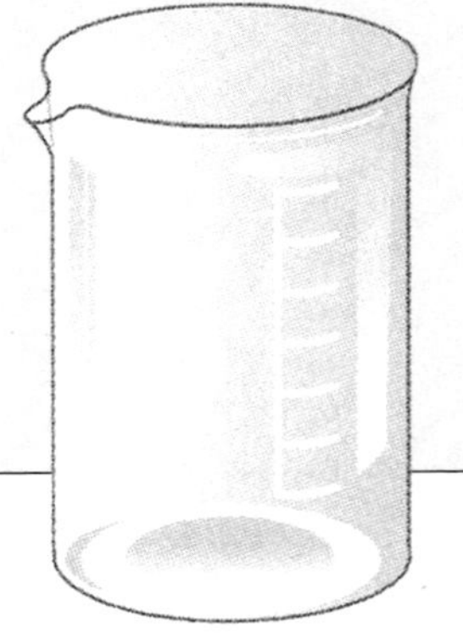

So wird Kalkwasser hergestellt:

- *Man gibt mit dem Spatel so viel Calciumoxid in das Reagenzglas, dass die Rundung des Glases gerade gefüllt ist.*
- *Dann wird mit Wasser aufgefüllt, das Reagenzglas mit dem Stopfen verschlossen und kräftig geschüttelt.*
- *Das ungelöste Calciumoxid soll sich nun einige Stunden absetzen.*
- *Danach dekantiert man das klare überstehende Kalkwasser in das Becherglas.*

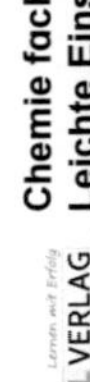
KOHL VERLAG
Chemie fachfremd unterrichten
Leichte Einstiege sofort umsetzbar – Bestell-Nr. 11 448

Das ist der Versuch:

- *In ein Becherglas werden 2 ml Wasser gefüllt.*
- *Mit dem Spatel füllen Sie etwas Schwefel in den Verbrennungslöffel.*
- *Der Schwefel wird entzündet.*
- *Den Verbrennungslöffel mit dem brennenden Schwefel halten Sie in das Becherglas mit Wasser. Das Schwefeldioxid soll sich im Glas sammeln. Damit kein Schwefeldioxid nach oben entweicht, wird über den Löffelstiel die durchbohrte Pappe gestülpt. So wird das Glas etwas abgedichtet.*
- *Wenn der Schwefel verbrannt ist, wird der Verbrennungslöffel entfernt. Die Pappe bleibt aber auf dem Glas liegen.*
- *Das Glas mit Wasser und Schwefeldioxid wird leicht geschüttelt.*
- *Mit dem Indikatorpapier wird festgestellt, dass das Wasser sauer geworden ist.*
- *Das Indikatorpapier bleibt im Becherglas liegen.*

PA

Aufgabe 7: *Du brauchst:*

- die Schweflige Säure aus dem Lehrerversuch
- Kalkwasser
- 1 Pipette

So wird Kalkwasser hergestellt:

- *Gib in die Schweflige Säure mit der Pipette tropfenweise Kalkwasser. Nach jedem Tropfen wird das Glas leicht geschüttelt.*
- *Tropfe so lange, bis das Indikatorpapier keine Säure mehr anzeigt. Dann hat es seine ursprüngliche gelbliche Farbe wieder angenommen.*

Entsorgung:
Schweflige Säure und Kalkwasser werden weiter mit Wasser verdünnt und in den Ausguss gegeben.

Chemie fachfremd unterrichten
Leichte Einstiege sofort umsetzbar – Bestell-Nr. 11 448

Oxidation geht nur mit Luft

PA

Aufgabe 8: Im nächsten Versuch erkennst du, welche Rolle die Luft bei der Oxidation spielt.

Du brauchst:

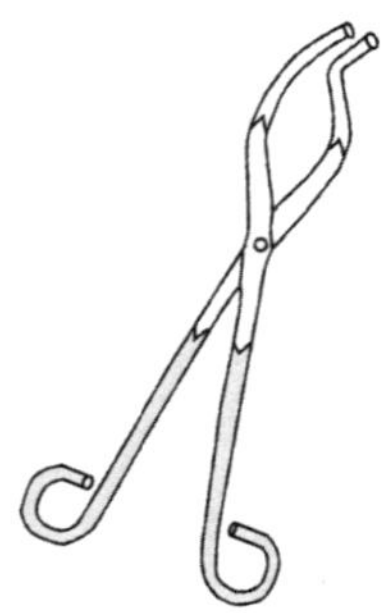

- 1 Tiegelzange
- 1 Spiritusbrenner, Zündhölzer und eine Fliese zum Ablegen heißer Gegenstände
- Schleifpapier
- 1 Stück dünnes Kupferblech ca. 6 cm x 6 cm
- 1 Stück dünnes Kupferblech ca. 1 cm x 6 cm

Der Versuch:

- *Bearbeite beide Kupferbleche von beiden Seiten so lange mit dem Schleifpapier, bis die typische Kupferfarbe deutlich zu sehen ist.*
- *Entzünde den Spiritusbrenner und halte das schmale Kupferblech mit der Tiegelzange so lange in die Flamme, bis sich auf einer Seite ein etwa 2 cm breiter Streifen schwarz gefärbt hat – bis sich schwarzes Kupferoxid gebildet hat.*
- *Lege das heiße Blech ab und ersticke die Flamme des Spiritusbrenners.*
- *Aus dem größeren Kupferblech formst du jetzt einen Kupferbrief. Falte es zuerst in der Mitte. Danach faltest du die Ränder etwa 1 cm breit so, dass möglichst wenig/keine Luft in das Innere des Kupferbriefes gelangen kann. Drücke die gefalteten Ränder noch einmal kräftig an.*
- *Erhitze den Kupferbrief doppelt so lange wie den Kupferstreifen.*
- *Ersticke die Flamme des Spiritusbrenners und lege den heißen Kupferbrief zum Abkühlen ab.*
- *Falte den Kupferbrief auseinander.*

EA

Aufgabe 9: *Warum ist im Innern des Kupferbriefes kein Kupferoxid entstanden?*

____

____

____

KOHL VERLAG Chemie fachfremd unterrichten Leichte Einstiege sofort umsetzbar – Bestell-Nr. 11 448

Rost – eine unbequeme chemische Verbindung

EA

Aufgabe 10: *Lies den folgenden Text.*

Wer hat sich nicht schon darüber geärgert, die Gartengeräte oder Teile des Fahrrades rosten allmählich dahin. Das Eisen der Geräte reagiert mit Sauerstoff. Und das geht besonders schnell, wenn das Eisen ungeschützt feuchter Luft ausgesetzt ist.
Das geschieht beim Rosten von Eisen:
Eisen setzt sich aus Eisenatomen zusammen. Wie alle Atome bestehen auch die Eisenatome aus dem elektrisch positiv geladenen Kern. Um den Kern schwingen die elektrisch negativ geladenen Elektronen, die der Kern anzieht.

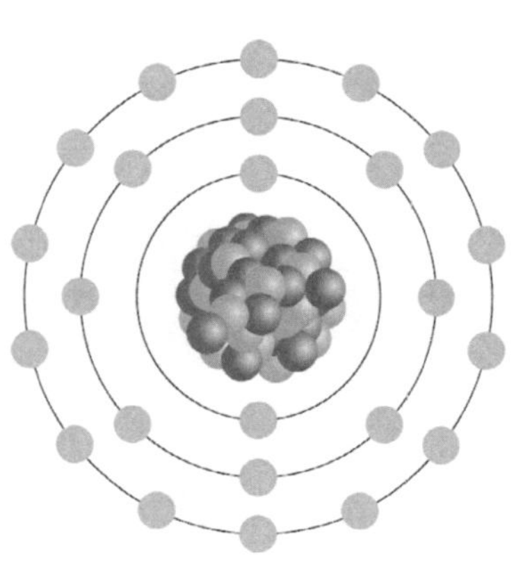

EA

Aufgabe 11: *Vervollständige den Lückentext mit diesen Begriffen:*

Elektronen – Elektronen – negativ – entzieht – Eisenoxid – Eisenoxid – Reaktion – Anziehungskraft – aufgenommen – positiv

Wenn ein Wassertropfen auf das Eisen fällt, ________________ der im Wasser gelöste Sauerstoff dem Eisenatom Elektronen. Der Sauerstoff hat auf die Elektronen des Eisens eine größere ______________________________ als der Kern des Eisenatoms.

So holt sich jedes Sauerstoffatom zwei oder drei __________________ des Eisenatoms.

Hier hat also eine chemische ________________ stattgefunden: _____________ werden von einem Stoff abgegeben und von einem anderen Stoff _______________________.

Als Reaktionsprodukt bildet sich rotbrauner Rost, ein wasserhaltiges _________________.

Durch die Aufnahme von Elektronen wird das Sauerstoffatom (O) _________________ geladen. Das Eisenatom (Fe) wird durch den Verlust der Elektronen _________________ geladen. Weil sich entgegengesetzt geladene Atome gegenseitig anziehen, bleiben Sauerstoff- und Eisenatome aneinander hängen und bilden Eisenoxid.

KOHL VERLAG Chemie fachfremd unterrichten Leichte Einstiege sofort umsetzbar – Bestell-Nr. 11 448

5 Chemie ist die Wissenschaft von Stoffen und Verbindungen

Aufgabe 12: *Du brauchst:*

- 1 Reagenzglas und 1 Reagenzglashalter
- 1 Spiritusbrenner, Zündhölzer und eine Fliese zum Ablegen heißer Gegenstände
- 1 Magnet
- 1 Blatt Papier DIN A 4
- Rost aus einer KFZ-Werkstatt. Hier liegt oft verrostetes Eisen, von dem du den Rost abkratzen kannst.

Der Versuch:

- *Lege den Rost auf die Fliese und lege das Blatt darüber.*
- *Halte den Magnet an das Blatt. Wird der Rost darunter vom Magnet angezogen?*

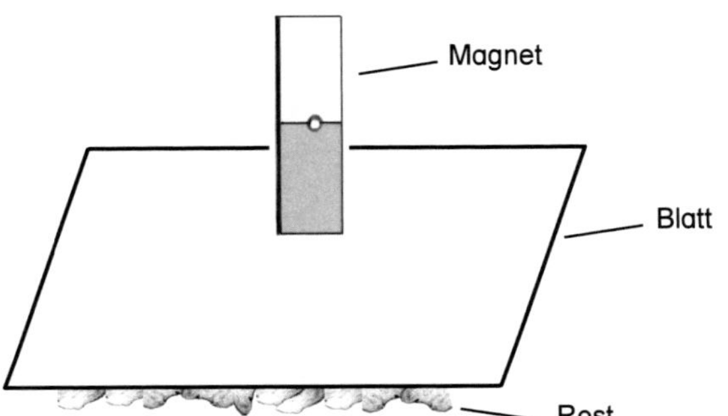

- *Fülle etwa 1 cm hoch Rost in das Reagenzglas.*
- *Entzünde den Spiritusbrenner und erhitze langsam den Rost im Reagenzglas.*
  Woran erkennst du, dass der Rost wasserhaltig ist? Weißt du auch eine Erklärung dafür?
- *Erhitze so lange, bis sich kein Wasser mehr im Reagenzglas niederschlägt.*
- *Ersticke die Flamme des Spiritusbrenners mit der Kappe.*
- *Gib das vollkommen trockene Eisenoxid auf die Fliese und lasse es 2 Minuten lang abkühlen.*
- *Lege nun das Blatt darauf und halte den Magnet daran. Was kannst du unter dem Blatt beobachten?*

Kochsalz ist eine chemische Verbindung

EA

Aufgabe 13: *Aus dem Alltag und aus einem deiner Versuche kennst du Kochsalz.*

Und im PSE hast du die beiden Elemente gefunden, woraus das Kochsalz besteht, Na und Cl. Beide Elemente werden durch Bindungskräfte zusammengehalten. So bilden sie die typische Kristallform des Kochsalz.

In der Abbildung siehst du große (Cl) und kleine (Na) Teilchen, die miteinander verbunden sind.

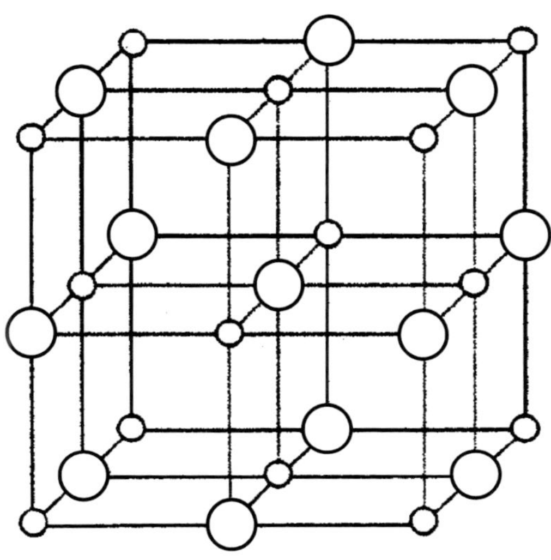

Natrium ist ein Metall, das sich an der Luft grau färbt. Male diese Teilchen grau aus. Chlor ist ein gelb-grünes Gas (grch. chloros = gelb-grün). Male diese Teilchen hellgrün-gelb an.
Wenn sich Natrium und Chlor miteinander verbinden, werden sie zu dem farblosen Salzkristall.

EA

Aufgabe 14: *Wie kommt es, dass Natrium und Chlor miteinander verbinden, und warum fallen sie nicht auseinander? Die Antwort auf diese Frage steht im folgenden Text, wenn du ihn vervollständigt hast.*
Es fehlen nur noch diese Wörter:

Anziehungskraft – negativ – Verbindung – Natriumteilchen – entgegengesetzt

Durch Experimente hat man herausgefunden, dass die ____________________

elektrisch positiv geladen sind, und die Chlorteilchen sind ____________ geladen.

Die Natrium- und die Chlorteilchen sind also ____________________ geladen

und ziehen sich gegenseitig an. Diese ____________________ ist die Kraft,

die beide Stoffe zu einer ________________ werden lässt.

Chemie fachfremd unterrichten
Leichte Einstiege sofort umsetzbar – Bestell-Nr. 11 448

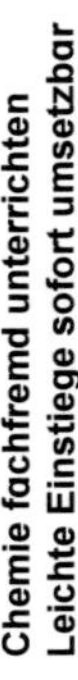

5 Chemie ist die Wissenschaft von Stoffen und Verbindungen

EA

Aufgabe 15: *Du brauchst:*

- 1 Overheadfolie
- 1 Stück trockenes Zeitungspapier ca. 10 cm x 10 cm
- trockenes Wetter

Der Versuch:

- *Lege die Folie auf den Tisch und reibe mit dem Zeitungspapier mehrmals kräftig darüber.*
- *Halte die Folie nahe über das Zeitungspapier. Dieser Versuch ist beendet, wenn das Zeitungspapier an die Folie springt.*

Ergänze den Text mit Begriffen, die du aus den Silben zusammensetzt:

che – e – ge – gen – lek – li – sätz – trisch

Papier und Folie sind entgegengesetzt ____________________ geladen.

Solche ____________________ Ladungen ziehen sich an.

EA

Aufgabe 16: *Du brauchst:*

- 1 Overheadfolie
- 1 Glimmlampe (Soffittenform)
- 1 trockenen Staublappen
- trockenes Wetter/einen trockenen Raum

Sind es wirklich elektrische Kräfte, die sich gegenseitig anziehen?

- *Lege die Folie auf den Tisch und reibe mit dem Staublappen mehrmals kräftig darüber.*
- *Nimm die Folie langsam mit einer Hand hoch.*
- *Halte die Glimmlampe an einem Ende mit der anderen Hand und nähere das freie (Metall-) Ende der Folie. Beobachte, was im Innern der Glimmlampe geschieht.*
- *Du beendest den Versuch, wenn du in der Glimmlampe ein Aufleuchten gesehen hast.*
- *Du wiederholst den Versuch (im abgedunkelten Raum?), bis du ein Aufleuchten wahrgenommen hast.*

Du hast an der Reaktion der Glimmlampe erkannt, dass die geriebene Folie elektrisch geladen war.

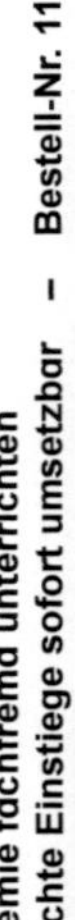

5 Chemie ist die Wissenschaft von Stoffen und Verbindungen

Aufgabe 17: *Du brauchst:*

- 2 Overheadfolien
- 1 trockenen Staublappen
- trockenes Wetter/einen trockenen Raum
- 1 Mitschüler

Die Frage:

Du reibst nachher die Folien. Dann werden sie hochgehalten und einander genähert. Was wird geschehen? Ziehen sich die Folien an, oder stoßen sie sich ab?

Das Experiment:

- *Reibe nacheinander die Folien, lasse sie aber noch auf dem Tisch liegen.*
- *Nimm eine Folie an einem schmalen Ende hoch und halte sie etwa 20 cm über den Tisch.*
- *Dein Mitschüler nimmt die andere Folie hoch und nähert sie ganz langsam deiner Folie. Beobachtet das Verhalten der Folien.*

Aufgabe 18: *Lest zuerst die Arbeitsschritte und einigt euch darauf, wer welche Schritte übernimmt, wer hält das U-Rohr, wer schließt die Batterie an usw..*

Das Experiment:

Wenn du Kochsalz in Wasser löst, besteht die Bindung zwischen dem positiv geladenen Natrium und den negativ geladenen Chlorteilchen nicht mehr. Beide Stoffe werden voneinander getrennt und die Teilchen können sich frei bewegen.
Im folgenden Versuch wandern die positiv geladenen Teilchen zum Minus-Pol der Batterie und die negativ geladenen Teilchen wandern zum Plus-Pol.

Um das zu zeigen, brauchst du:

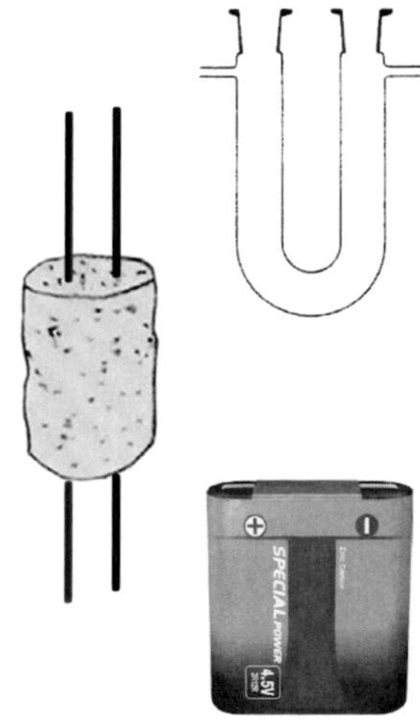

- 1 U-Rohr
- 2 Korken mit durchgesteckten Bleistiftminen
- 1 Becherglas 100 ml
- 1 Glasstab zum Rühren
- Kochsalz und warmes Wasser
- 1 Flachbatterie 4,5 V
- 2 Bleistiftminen als Elektroden
- 2 Experimentierschnüre mit Krokodilklemmen

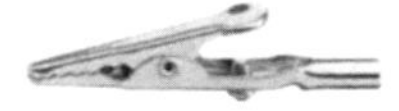

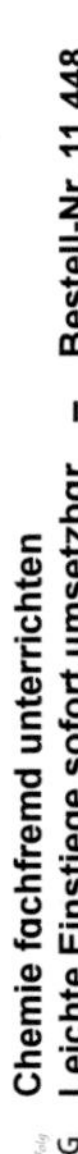

<u>Das Experiment geht so:</u>

- *Fülle das Becherglas gut zur Hälfte mit warmem Wasser und gib nach und nach Kochsalz hinzu. Rühre ständig mit dem Glasstab, damit sich das Salz gut löst.*
- *Gib so lange Kochsalz hinzu, bis eine gesättigte Lösung entstanden ist. Die Lösung ist gesättigt, wenn sich kein Salz mehr löst und am Boden des Becherglases trotz des Rührens ungelöst liegen bleibt.*
- *Gib die gesättigte Lösung in das U-Rohr.*
- *Setze die Korken mit den Bleistiftminen auf die Öffnungen des U-Rohres.*
- *Verbinde mit den Experimentierschnüren die Bleistiftminen mit den Polen der Flachbatterie.*
- *Beobachte, was im U-Rohr geschieht. Rieche nach etwa einer Minute vorsichtig an den Ansätzen des U-Rohres. Aus dem Geruch kannst du schließen, welche Teilchen der beiden Elemente zu welchem Pol der Batterie wandern.*

Aufgabe 19: *Trage in die Kreisdarstellung der Teilchen **Na** oder **Cl** ein.*

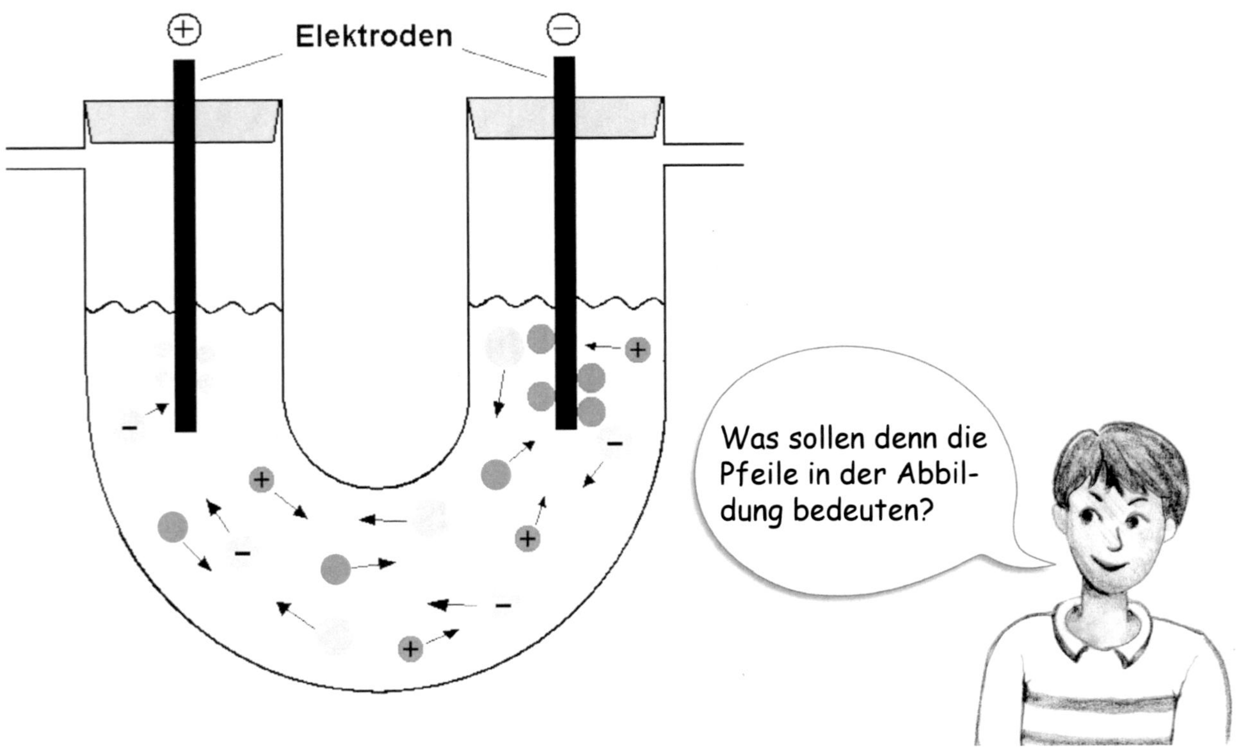

KOHL VERLAG
Chemie fachfremd unterrichten
Leichte Einstiege sofort umsetzbar – Bestell-Nr. 11 448

Von der Verbindung zum Element

EA

Aufgabe 20: *Das lohnt sich zu merken:*

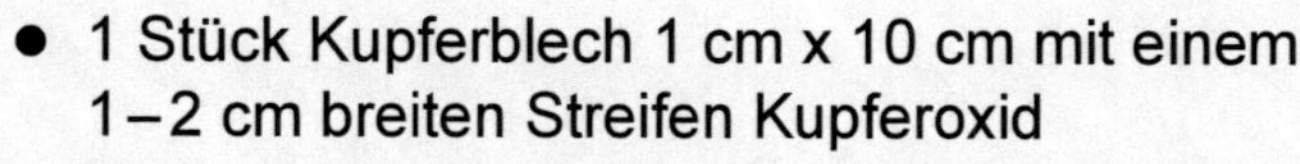

Eine Verbindung ist ein Stoff, der sich wieder in seine Elemente zerlegen lässt.

Das kannst du mit dem folgenden Versuch bestätigen.

Du brauchst:

- 1 Stück Kupferblech 1 cm x 10 cm mit einem 1–2 cm breiten Streifen Kupferoxid
- 1 Spiritusbrenner und Zündhölzer sowie eine Fliese zum Ablegen heißer Gegenstände
- 1 Reagenzglas
- 1 Reagenzglashalter
- 1 Reagenzglasständer
- 1 Spatel
- 1 Pinzette zum Wenden des heißen Kupferstreifens
- Holzkohlenpulver

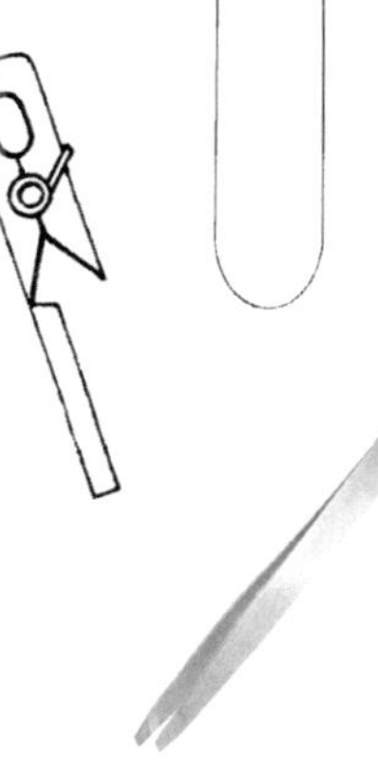

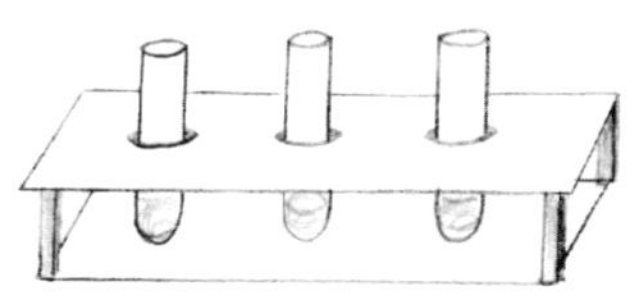

Das sind deine Arbeitsschritte:

- *Gib den teilweise oxidierten Kupferstreifen mit dem oxidierten Ende nach unten in das Reagenzglas.*
- *Gib dann einen Spatel voll Holzkohlenpulver hinzu.*
- *Erhitze das Reagenzglas im unteren Teil so lange, bis sich das Kupferoxid verändert hat.*
- *Es kann sein, dass sich das Kupferblech nur unmerklich verändert. Dann ist es wahrscheinlich sinnvoll, die Lage des Bleches mit der Pinzette so zu verändern, dass mehr Holzkohlenpulver am Kupferoxid liegt.*
- *Wenn du deutlich eine Veränderung wahrgenommen hast, beendest du den Versuch. Ersticke die Flamme des Spiritusbrenners und stelle das Reagenzglas im Reagenzglasständer ab.*
- *Wenn das Reagenzglas deutlich abgekühlt ist, entsorgst du das Holzkohlenpulver in den Hausmüll. Das Kupferblech wird für weitere Versuche in einem Sammelbehälter aufbewahrt.*

Chemie fachfremd unterrichten
Leichte Einstiege sofort umsetzbar – Bestell-Nr. 11 448

Was sind Ionen?

Das weißt du:

Bei der Verbindung von Natrium und Chlor entsteht Kochsalz.

Das weißt du noch nicht:

Diese Verbindung ist ein Beispiel für eine aus Ionen entstandene Verbindung.

EA

Aufgabe 21: *Du brauchst das Periodensystem der Elemente (PSE).*

Aus dem Natrium-Atom entsteht ein Natrium-Ion, indem es ein Elektron abgibt. Auf welcher Schale befindet sich dieses Elektron zunächst?

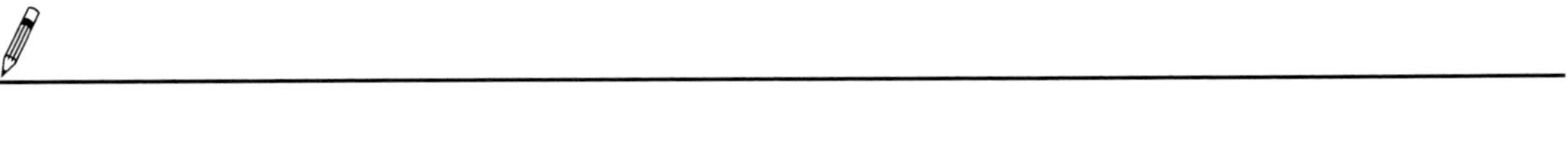

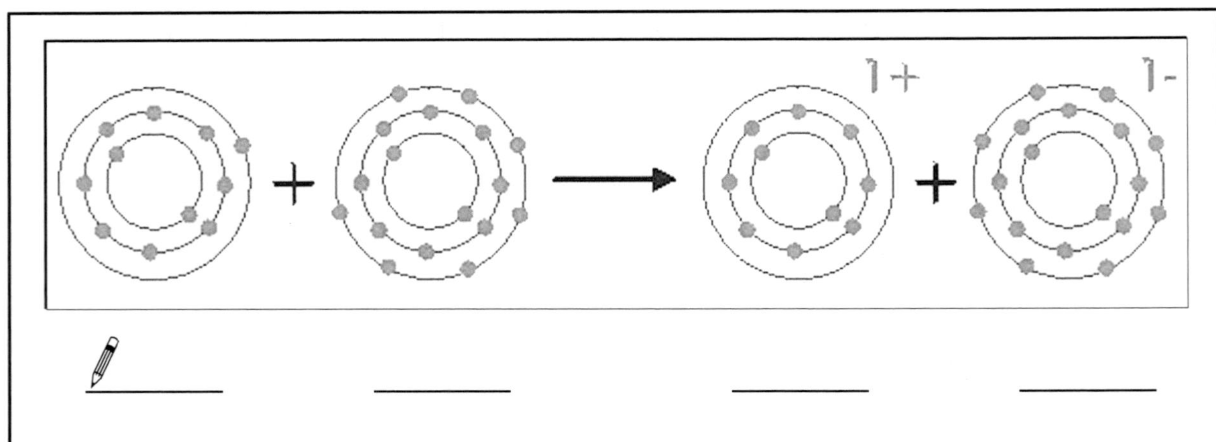

EA

Aufgabe 22: *Trage in die Mitte der Abbildungen oben (in den Atomkern) die Anzahl der Protonen für Na und Cl ein.*

Chemie fachfremd unterrichten
Leichte Einstiege sofort umsetzbar – Bestell-Nr. 11 448
KOHL VERLAG

EA

Aufgabe 23: *Bevor du bei der nächsten Aufgabe weitermachst, prägst du dir den Merksatz ein.*
Das geht am besten, indem du dir gleichzeitig die Abbildung unten links (Na) vorstellst. Noch besser ist es, wenn du dir die Anzahl der Protonen im Atomkern und die Anzahl der Elektronen merkst.

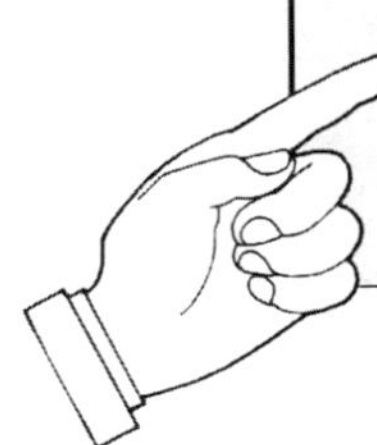

Atome, die mehr oder weniger Elektronen als Protonen besitzen, werden als Ionen bezeichnet.

EA

Aufgabe 24: ***Na*** *und* ***Cl*** *sind nach der Abgabe bzw. Aufnahme eines Elektrons nicht mehr elektrisch neutral.*
Beide Teilchen sind Ionen geworden.

Schreibe unter die Abbildungen die Element-Bezeichnungen. Schreibe daneben ein Plus-Zeichen bzw. ein Minus-Zeichen. Damit wird angegeben, welches Ion elektrisch positiv bzw. elektrisch negativ geladen ist.

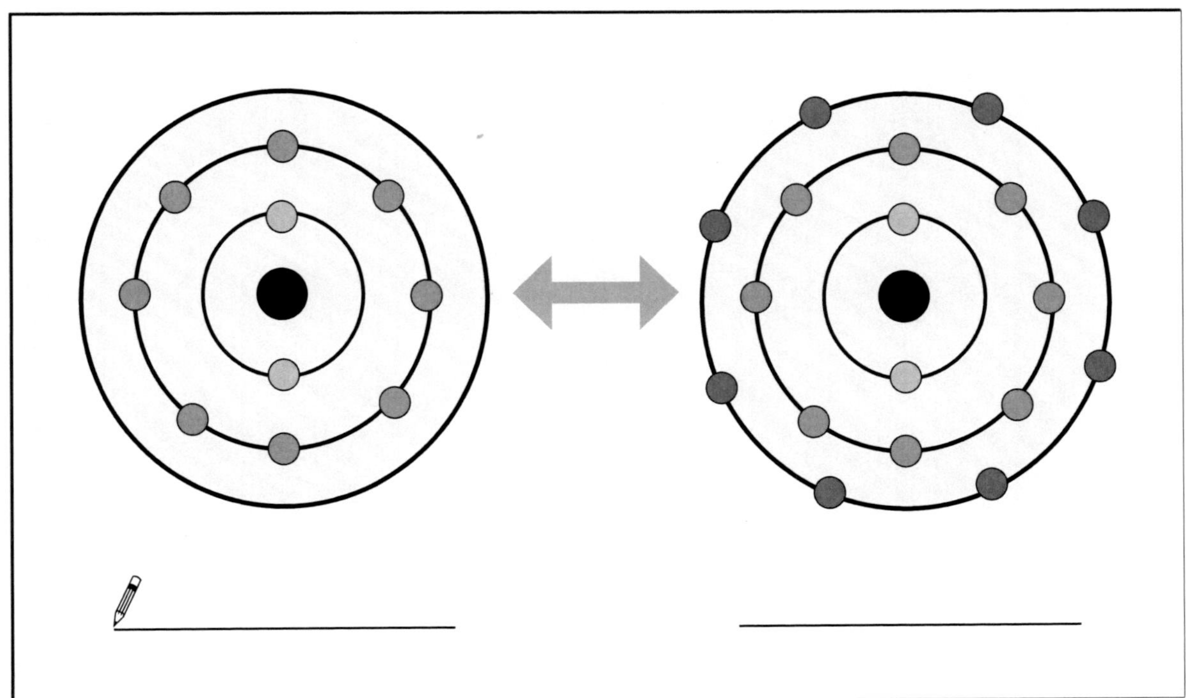

KOHL VERLAG Chemie fachfremd unterrichten Leichte Einstiege sofort umsetzbar – Bestell-Nr. 11 448

5 Chemie ist die Wissenschaft von Stoffen und Verbindungen

EA

Aufgabe 25: *Diese Kraft lässt die Verbindung entstehen:*

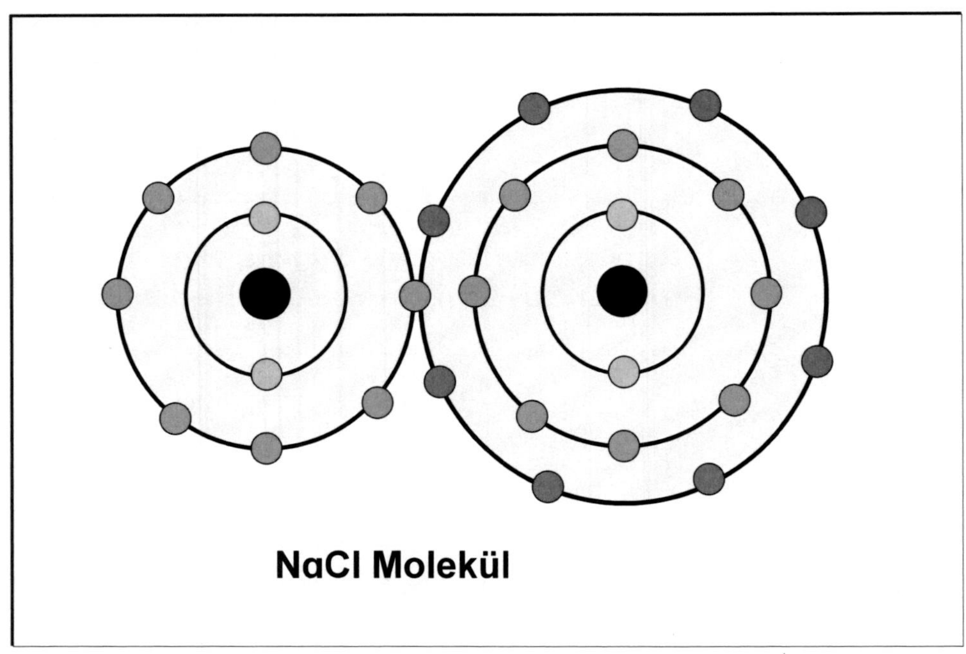

NaCl Molekül

✎ ______________________________

~~4~~ = k, ~~5~~, ~~6~~, ~~7~~

~~1~~ = t, ~~4~~ = s

~~1~~ = t, ~~3~~, ~~4~~, ~~5~~

~~1~~ = t

~~3~~, ~~4~~, ~~5~~

~~1~~ = z, ~~4~~ = h, ~~5~~

~~1~~, ~~2~~, ~~3~~, ~~4~~ = h

KOHL VERLAG
Chemie fachfremd unterrichten
Leichte Einstiege sofort umsetzbar – Bestell-Nr. 11 448

Das Naturgesetz von der Erhaltung der Masse

Lehrerversuch: *Sie brauchen*

- 1 Reagenzglas, 1 Reagenzglashalter
- 1 Fliese zum Ablegen heißer Gegenstände
- 1 Digitalwaage
- 1 Spiritusbrenner
- 1 Luftballon
- 1 Spatel
- Eisenpulver, Schwefelpulver

- *Sie vermischen im Reagenzglas einen Spatel Eisenpulver mit zwei Spateln Schwefelpulver.*
- *Das Reagenzglas wird mit dem Luftballon verschlossen und gewogen.*
- *Sie erhitzen das Reagenzglas über der Flamme des Spiritusbrenners, bis das Gemisch durchgeglüht ist.*
  ***Die Schüler** füllen ihr Versuchsprotokoll aus und notieren das Gewicht des Reagenzglases vor dem Durchglühen.*
- *Das Reagenzglas wird erneut gewogen und die Schüler notieren das Gewicht.*
  ***Die Schüler** überlegen, welche Aufgabe der Luftballon auf dem Reagenzglas hatte.*
- *Sie entsorgen das Reagenzglas vollständig im Hausmüll.*

Die Auswertung des Versuches:
Bitte kopieren Sie diesen Abschnitt für die Schüler. Diese ergänzen dann den Text und kleben ihn auf ihr Versuchprotokoll.

EA

Aufgabe 26: Das Naturgesetz von der Erhaltung der Masse

Setze diese Begriffe passend ein:

gleich – Erhaltung – Ausgangsstoffe – Naturgesetz – erhalten

Das Gewicht der beiden ______________________ ist dem Gewicht des neuen Stoffes ________________. Die Masse ist also gleich geblieben. Wir könnten noch viele solcher Versuche durchführen, wir kämen immer zu dem gleichen Ergebnis. Stets bleibt die Masse der Stoffe ________________. Und weil das bei diesen Versuchen immer so ist, nennt man diese Regelmäßigkeit ein ________________. Bei unserem Versuch haben wir das Naturgesetz von der ________________ der Masse kennen gelernt.

Chemie fachfremd unterrichten
Leichte Einstiege sofort umsetzbar – Bestell-Nr. 11 448
KOHL VERLAG

6 Übungen mit dem Periodensystem der Elemente (PSE)

EA

Aufgabe 1: *Du weißt, dass Stoffe fest, flüssig oder gasförmig sein können. Welche Elemente sind flüssig?*

____

Aufgabe 2: *Wie viele Elemente sind gasförmig?*

____

Aufgabe 3: *In der folgenden Übersicht musst du nur noch ankreuzen, was stimmt.*

Element	Feststoff	Flüssigkeit	Gas
Hg			
Pb			
Al			
Ne			
N			
Br			
O			
Au			
Sn			
Fe			

EA

Aufgabe 4: *Welche Feststoffe haben drei Schalen (s. Spalte Periode)?*

____

____

Aufgabe 5: *Welche Gase haben eine Schale?*

____

KOHL VERLAG
Chemie fachfremd unterrichten
Leichte Einstiege sofort umsetzbar – Bestell-Nr. 11 448

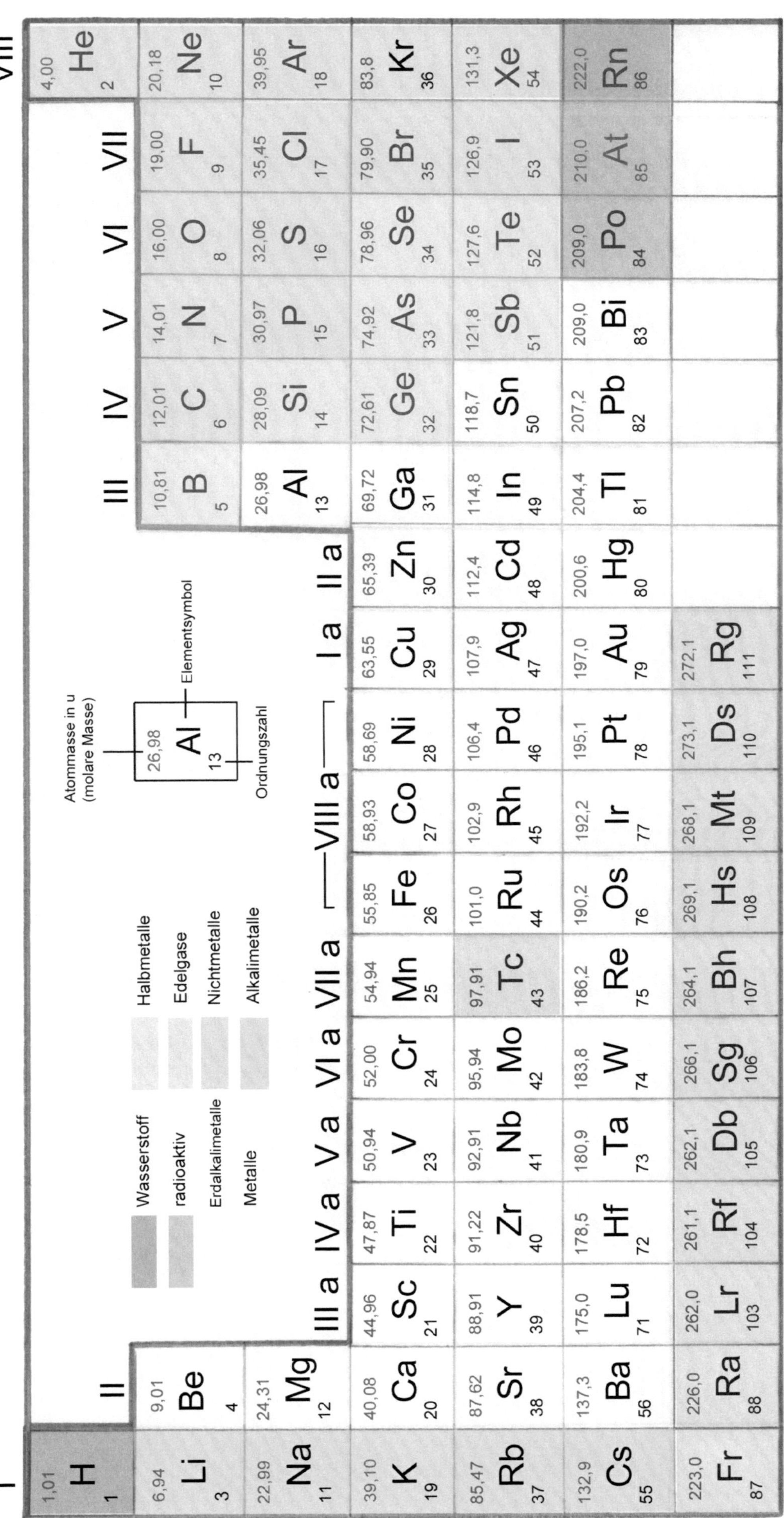

Periodensystem der Elemente (PSE)

I	II	III a	IV a	V a	VI a	VII a	VIII a	VIII a	VIII a	I a	II a	III	IV	V	VI	VII	VIII
1,01 H 1																	4,00 He 2
6,94 Li 3	9,01 Be 4											10,81 B 5	12,01 C 6	14,01 N 7	16,00 O 8	19,00 F 9	20,18 Ne 10
22,99 Na 11	24,31 Mg 12											26,98 Al 13	28,09 Si 14	30,97 P 15	32,06 S 16	35,45 Cl 17	39,95 Ar 18
39,10 K 19	40,08 Ca 20	44,96 Sc 21	47,87 Ti 22	50,94 V 23	52,00 Cr 24	54,94 Mn 25	55,85 Fe 26	58,93 Co 27	58,69 Ni 28	63,55 Cu 29	65,39 Zn 30	69,72 Ga 31	72,61 Ge 32	74,92 As 33	78,96 Se 34	79,90 Br 35	83,8 Kr 36
85,47 Rb 37	87,62 Sr 38	88,91 Y 39	91,22 Zr 40	92,91 Nb 41	95,94 Mo 42	97,91 Tc 43	101,0 Ru 44	102,9 Rh 45	106,4 Pd 46	107,9 Ag 47	112,4 Cd 48	114,8 In 49	118,7 Sn 50	121,8 Sb 51	127,6 Te 52	126,9 I 53	131,3 Xe 54
132,9 Cs 55	137,3 Ba 56	175,0 Lu 71	178,5 Hf 72	180,9 Ta 73	183,8 W 74	186,2 Re 75	190,2 Os 76	192,2 Ir 77	195,1 Pt 78	197,0 Au 79	200,6 Hg 80	204,4 Tl 81	207,2 Pb 82	209,0 Bi 83	209,0 Po 84	210,0 At 85	222,0 Rn 86
223,0 Fr 87	226,0 Ra 88	262,0 Lr 103	261,1 Rf 104	262,1 Db 105	266,1 Sg 106	264,1 Bh 107	269,1 Hs 108	268,1 Mt 109	273,1 Ds 110	272,1 Rg 111							

6 Übungen mit dem Periodensystem der Elemente (PSE)

EA

Aufgabe 6: *Wie viele Protonen hat Kupfer?*

____

EA

Aufgabe 7: *Wie viele Neutronen hat Eisen im Atomkern?*

____

EA

Aufgabe 8: *Wie viele Elektronen hat Gold?*

____

EA

Aufgabe 9: *Betrachte diese Abbildung und vervollständige die Sätze.*

In der Mitte des Atoms befindet sich der ____________________. Er wird dauernd von ____________________ umkreist.

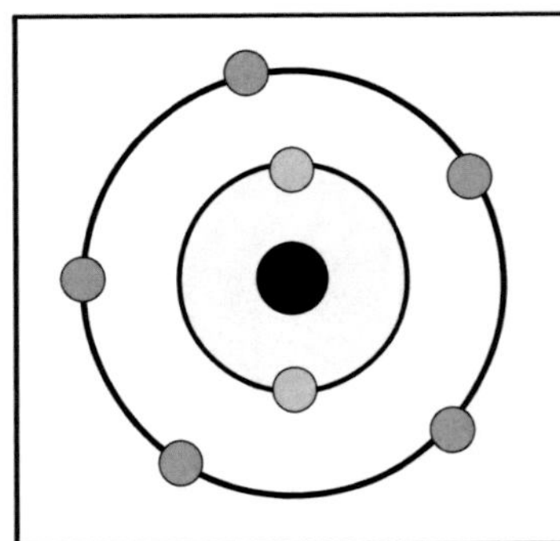

EA

Aufgabe 10: *Du siehst hier zwei Atommodelle.*

Schreibe die Namen der Elemente und das Symbol unter die Abbildungen.

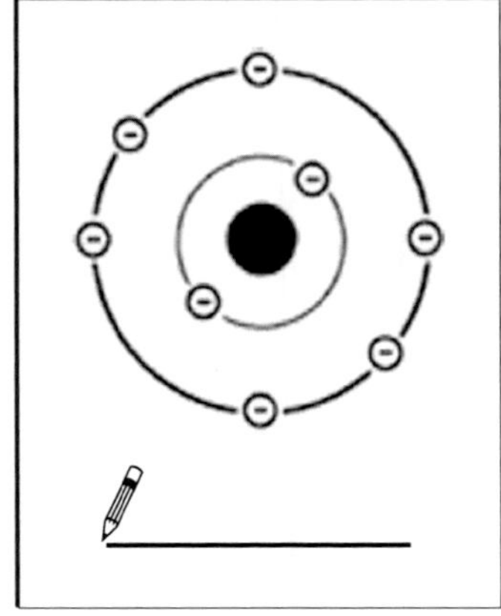

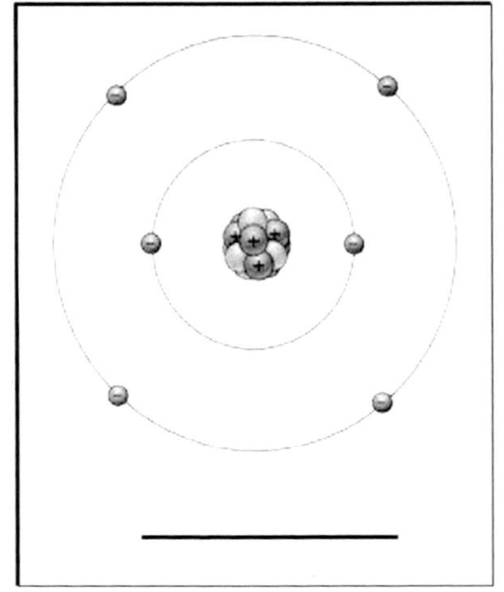

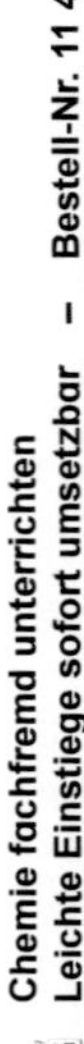

7 Wenn man Kaliumpermanganat erhitzt, wird Sauerstoff freigesetzt

Lehrer-Arbeitsblatt

Lehrerversuch:

Sie brauchen:

- 1 Spiritusbrenner, Zündhölzer und eine Fliese zum Ablegen heißer Gegenstände
- 1 Reagenzglas
- 1 Reagenzglashalter
- 1 Reagenzglasständer
- 1 Glimmspan
- 1 Spatel
- Kaliumpermanganat
- 1 Schutzbrille

Lesen Sie bitte zuerst die Hinweise unten auf dieser Seite.

Versuch 1:

- *Der Glimmspan wird am Spiritusbrenner entzündet und zum Glimmen (nicht zum Brennen) gebracht.*
- *Sie halten den glimmenden Span in das (leere) Reagenzglas.*
- *Sie legen den Glimmspan ab und füllen eine Spatelspitze Kaliumpermanganat in das Reagenzglas.*
- *Halten Sie nun den glimmenden Span erneut weit oberhalb des Kaliumpermanganates in das Reagenzglas.*
- *Erhitzen Sie das Kaliumpermanganat im Reagenzglas kurz über der Flamme des Spiritusbrenners. Wenn Sie ein Knistern hören, nehmen Sie das Reagenzglas aus der Flamme.*
- *Halten Sie den glimmenden Span erneut in das Reagenzglas.*
  Achten Sie darauf, dass der glimmende Span nicht mit dem Kaliumpermanganat in Berührung kommt. Der Glimmspan flammt heftig und sehr hell auf.
- *Sie legen den Glimmspan ab und stellen das Reagenzglas in den Reagenzglasständer. Die Flamme des Spiritusbrenners ersticken Sie.*
- *Den Glimmspan entsorgen Sie bitte im Hausmüll. Das Reagenzglas wird mit Inhalt im anorganischen Sondermüll entsorgt.*

Feuergefahr bei Berührung mit brennbaren Stoffen

Gesundheitsschädlich beim Verschlucken

Sehr giftig für Wasserorganismen, kann in Gewässern längerfristig schädliche Wirkungen haben.

7 Wenn man Kaliumpermanganat erhitzt, wird Sauerstoff freigesetzt

Schüler-Arbeitsblatt

EA

Aufgabe 1: *Beginne mit dem Ausfüllen des Versuchsprotokolls. Das meiste Versuchsmaterial kennst du bereits. Neu ist nur der Glimmspan für dich und das Kaliumpermanganat.*
Siehe dir dazu die Warnhinweise an und lies die Ausführungen dazu.

Feuergefahr bei Berührung mit brennbaren Stoffen

Gesundheitsschädlich beim Verschlucken

Sehr giftig für Wasserorganismen, kann in Gewässern längerfristig schädliche Wirkungen haben.

EA

Aufgabe 2: *Was geschieht, wenn man den glimmenden Span in das leere Reagenzglas hält?*

____

EA

Aufgabe 3: *Was geschieht, wenn der Glimmspan in das Reagenzglas mit dem Kaliumpermanganat gehalten wird?*

____

EA

Aufgabe 4: *Was geschieht, wenn der glimmende Span in das Reagenzglas mit dem erhitzten Kaliumpermanganat gehalten wird?*

____

EA

Aufgabe 5: *Es fehlen noch diese Begriffe:*

Erhitzen – Kaliumpermanganat – Aufflammen – Sauerstoff

Weil für die Verbrennung und für das Aufflammen ________________ erforderlich ist, muss sich nach dem ________________ des Kaliumpermanganat mehr Sauerstoff im Reagenzglas befunden haben als vor der Erhitzung.

Dieser ________________ kann nur aus dem ________________________ stammen.

KOHL VERLAG Chemie fachfremd unterrichten
Leichte Einstiege sofort umsetzbar – Bestell-Nr. 11 448

8 Farbige Flammen

Wenn ein Stoff durch chemische Verfahren untersucht werden soll, muss er zunächst einmal gefunden und benannt werden. Solche Untersuchungen nennt man Nachweisverfahren – ein Stoff wird nachgewiesen.

Du brauchst:

- 1 Spiritusbrenner, Zündhölzer und eine hitzebeständige Unterlage zum Ablegen heißer Gegenstände
- 1 Flaschenkorken
- 1 mittelgroße Nähnadel
- 1 Uhrglas
- 1 Spatel
- Kochsalz
- Wasser und 1 Pipette
- 1 Schutzbrille

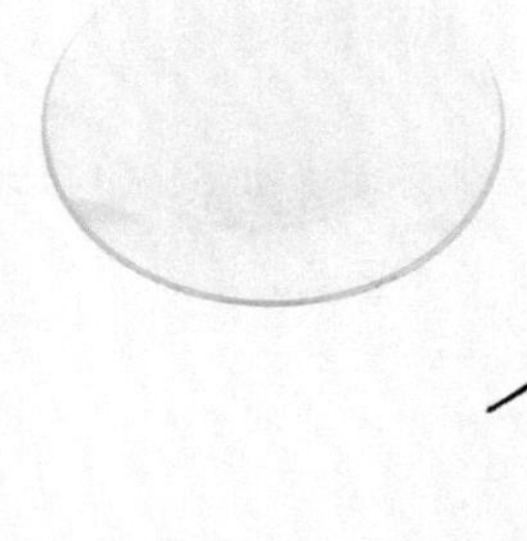

EA

<u>Aufgabe 1</u>: *Die Vorbereitung des Versuches.*

- *Stich die Nähnadel in den Korken. Das Nadelöhr ragt oben heraus, der Korken dient nachher als Griff.*
- *Gib einen Spatel voll Kochsalz auf das Uhrglas und gib zwei Tropfen Wasser hinzu.*

EA

<u>Aufgabe 2</u>: *Die Durchführung.*

- *Entzünde den Docht des Spiritusbrenners.*
- *Tauche das Nadelöhr in das nasse Kochsalz und nimm etwas Kochsalz auf.*
- *Halte das Nadelöhr mit dem Kochsalz in die Flamme des Spiritusbrenners.*
- *Beende den Versuch, wenn sich die Flamme deutlich orangegelb färbt.*
- *Ersticke die Flamme des Spiritusbrenners.*

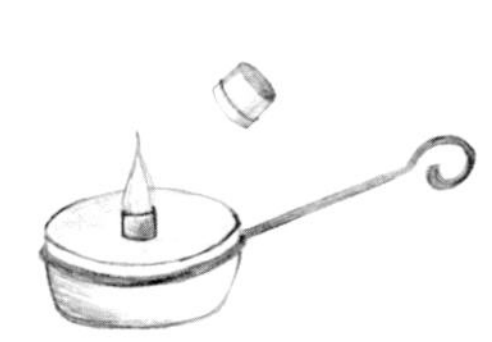

Farbige Flammen

EA

Aufgabe 3: *Es fehlen nur noch diese Begriffe:*

Färbung – Spiritusbrenners – färbt – Natrium – Kochsalz – orangegelb

Wenn man bestimmte Stoffe in die Flamme eines ____________________

hält, bekommt die Flamme eine andere ______________.

Bei dem Leichtmetall ____________ färbt sich die Flamme ______________.

So weisen wir nach, dass unser ______________ Natrium enthält – auch

Kochsalz ____________ die Flamme orangegelb.

Was ich da gemacht habe, geht das nur mit Kochsalz?

Nein, versuche es doch mal mit Soda oder Natron. Du wirst dich wundern, was diese Stoffe enthalten!

EA

Aufgabe 4:
- *Vermische eine Spatelspitze Natron mit Wasser.*
- *Nimm von der Mischung etwas mit dem Nadelöhr auf und halte es in die Flamme des Spiritusbrenners.*

EA

Aufgabe 5: *Schreibe deine Beobachtung auf.*

____

____

EA

Aufgabe 6: *Du weißt nun, welcher Stoff im Natron enthalten ist:*

____

Chemie fachfremd unterrichten – Bestell-Nr. 11 448
Leichte Einstiege sofort umsetzbar
KOHL VERLAG

9 Die Lösungen

1

Aufgabe 1:

Aufgabe 2:

➔ Mit diesem Stoff hast du den Versuch durchgeführt: **Wasser**
➔ Dieser Stoff ist bei Raumtemperatur: **flüssig**
➔ Wenn man ihn stark erhitzt, wird dieser Stoff: **gasförmig**
➔ Wenn man ihn stark abkühlt, wird er: **fest**

Aufgabe 3:

Aufgabe 4: Deine Versuche zeigten dir noch keine chemischen Vorgänge. Im ersten Versuch hast du **Aggregatzustände** kennen gelernt. Im zweiten Versuch hast du eine **Mischung** aus Wasser und **Kochsalz** hergestellt. Anschließend hast du diese Mischung durch **Verdampfen** des Wassers wieder **getrennt**.

Aufgabe 5: Al = Aluminium; Au = Gold; Ag = Silber; Fe = Eisen

Aufgabe 6:

Elementname	Symbol	Elementname	Symbol
Kohlenstoff	**C**	Sauerstoff	**O**
Wasserstoff	**H**	Quecksilber	**Hg**
Schwefel	**S**	Stickstoff	**N**
Natrium	**Na**	Calcium	**Ca**

Aufgabe 7: Stahl enthält außer dem Element Fe (**Eisen**) auch noch das Element C (**Kohlenstoff**).
Holz besteht vorwiegend aus C (**Kohlenstoff**), H (**Wasserstoff**) und O (**Sauerstoff**).
Sand ist eine Verbindung von Si (**Silicium**) und O (**Sauerstoff**).
Kunststoffe sind aus C (**Kohlenstoff**), H (**Wasserstoff**), O (**Sauerstoff**) und N (**Stickstoff**) zusammengesetzt.
Die Mine deines Bleistiftes besteht überwiegend aus C (**Kohlenstoff**).

KOHL VERLAG Chemie fachfremd unterrichten
Leichte Einstiege sofort umsetzbar – Bestell-Nr. 11 448

9 Die Lösungen

1

Aufgabe 8:

Wasserstoff	Al
Aluminium	Cl
Kupfer	Au
Neon	P
Zink	Cr
Quecksilber	Hg
Phosphor	H
Gold	Cu
Uran	Ne
Chrom	Zn
Chlor	Ag
Natrium	C
Kohlenstoff	U
Silber	O
Sauerstoff	Na

Wasserstoff	H
Aluminium	Al
Kupfer	Cu
Neon	Ne
Zink	Zn
Quecksilber	Hg
Phosphor	P
Gold	Au
Uran	U
Chrom	Cr
Chlor	Cl
Natrium	Na
Kohlenstoff	C
Silber	Ag
Sauerstoff	O

Aufgabe 9:

H_2O	Wasser	Wasserstoff, Sauerstoff
H_2S	Schwefelwasserstoff	Wasserstoff, Schwefel
H_2SO_4	Schwefelsäure	Wasserstoff, Schwefel, Sauerstoff
SiO_2	Siliziumdioxid	Silizium, Sauerstoff
CO_2	Kohlenstoffdioxid	Kohlenstoff, Sauerstoff
Al_2O_3	Aluminiumoxid	Aluminium, Sauerstoff
FeO	Eisenoxid	Eisen, Sauerstoff
CuO	Kupferoxid	Kupfer, Sauerstoff
NaCl	Natriumchlorid	Natrium, Chlor
HCl	Salzsäure	Wasserstoff, Chlor

2

Versuch 1: Kupferblech leitet den elektrischen Strom.

Versuch 2: Die schwarze Schicht Kupferoxid leitet den Strom nicht.

3

Aufgabe 1: Individuelle Farbergebnisse

Aufgabe 2: Unter Adsorption versteht man die **Anlagerung** von Teilchen (Atome, Moleküle) eines flüssigen oder **gasförmigen** (**Parfüm**) Stoffes an der Oberfläche eines Festkörpers (**Aktivkohle**).

Aufgabe 3: Die Aktivkohle hat die Gasteilchen des Parfüms adsorbiert.

4 **Aufgabe 2:**

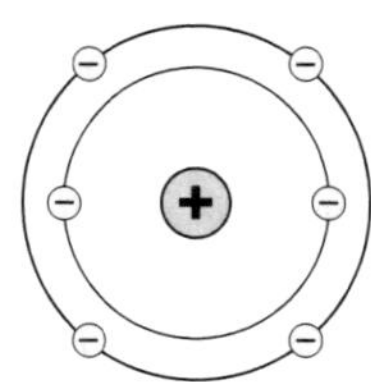

Aufgabe 3: Das Kohlenstoff-Atom hat **2** Schalen, beim Al-Atom sind **3** Schalen vorhanden.

Aufgabe 4:

Eisen Fe	**4**	Gold Au	**6**	Natrium Na	**3**
Silber Ag	**5**	Aluminium Al	**3**	Schwefel S	**3**
Sauerstoff O	**2**	Blei Pb	**6**	Kupfer Cu	**4**

Aufgabe 5: **a)** Wasserstoff **b)** Helium **c)** Lithium **d)** Kohlenstoff **e)** Stickstoff **f)** Sauerstoff **g)** Neon **h)** Natrium **i)** Schwefel

Aufgabe 6:

Schalen	Elektronen	Symbol	Name des Elements
5	47	**Ag**	**Silber**
4	29	**Cu**	**Kupfer**
2	6	**C**	**Kohlenstoff**
3	13	**Al**	**Aluminium**
4	26	**Fe**	**Eisen**
6	82	**Pb**	**Blei**
6	79	**Au**	**Gold**

Aufgabe 7: Schon im 5. Jahrhundert v. Chr. sagte der griechische Philosoph Demokrit, dass die Welt aus **unzähligen** kleinen, unteilbaren **Teilchen** besteht, den Atomen. Die moderne **Wissenschaft** konnte zeigen, dass Demokrit Recht hatte. Die Welt besteht wirklich aus unzähligen kleinen Teilchen.
Allerdings zeigte sie, dass auch die Atome aus **einzelnen** Teilchen bestehen.
Im Jahre 1913 schuf der dänische Physiker Nils Bohr ein **Atommodell**, das heute immer noch gültig ist. Danach stellen wir uns das Atom so vor: Kleinste Teilchen umkreisen in der **Atomhülle** einen gemeinsamen Mittelpunkt, den Atomkern.

Aufgabe 8: **a)**

➔ Der Atomkern enthält **14** elektrisch positiv geladene Teilchen Protonen und **14** elektrisch nicht geladene Teilchen (Neutronen).

➔ Um den Atomkern kreisen **14** elektrisch negativ geladene Teilchen (Elektronen).

➔ Die Elektronen kreisen auf **4** Schalen um den Kern.

b)

Bezeichnungen der Schalen	Anzahl der Elektronen
K	**2**
L	**8**
M	**4**

4

Aufgabe 10: Die dicht gepackten Stahlkugeln im ersten Versuch verhalten sich wie die **Moleküle** eines festen Körpers – sie bewegen sich kaum. Der **Körper** (die Gesamtheit der Kugeln/Moleküle) ist fest. Dann hast du einige Kugeln (Moleküle) **herausgenommen**. Die übrigen Stahlkugeln (Moleküle) können sich **schneller** bewegen – wie Moleküle einer Flüssigkeit. Nachdem du weitere Stahlkugeln herausgenommen hast, **bewegten** sich die übrigen Stahlkugeln (Moleküle) sehr viel **schneller** als die Moleküle von Gasen.

Aufgabe 14:

Symbol ergänzen	Bezeichnung eintragen
Cl_2	**Chlor**
F_2	**Fluor**
Br_2	**Brom**
I_2	**Iod**

Aufgabe 15:

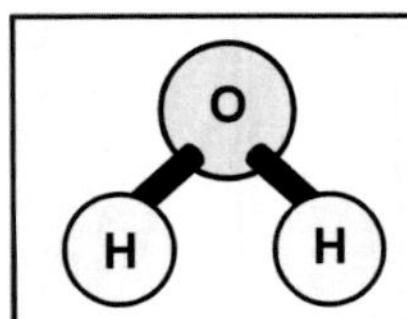

Aufgabe 17:

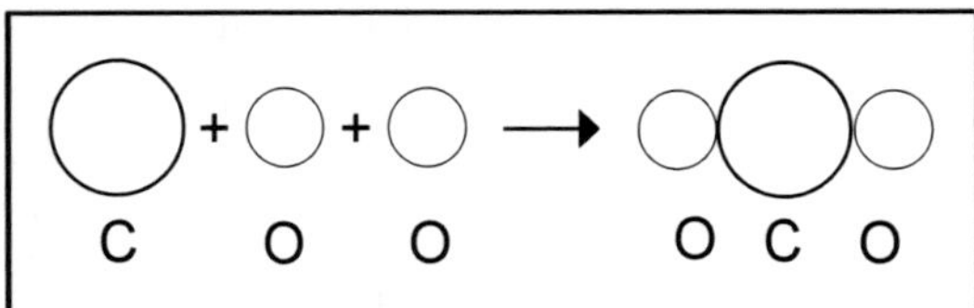

Aufgabe 18: Schwefel und Sauerstoff bilden dieses Gas.
An dieser Verbindung sind drei Atome beteiligt.

Aufgabe 19: Sand besteht u. a. aus Si = Silicium und O = Sauerstoff.
An der Bildung des Moleküls SiO_2 ist das Si mit einem Atom beteiligt.
Der O steuert zwei Atome bei.

Aufgabe 20:

So heißt das Element	Anzahl der Atome
H = **Wasserstoff**	**2**
S = **Schwefel**	**1**
O = **Sauerstoff**	**4**

Aufgabe 21:

Pb = **Blei**	**3**
O = **Sauerstoff**	**4**
K = **Kalium**	**3**
P = **Phosphor**	**1**
O = **Sauerstoff**	**4**

KOHL VERLAG Chemie fachfremd unterrichten Leichte Einstiege sofort umsetzbar – Bestell-Nr. 11 448

4

Aufgabe 23: Im Reagenzglas bildeten sich Wassertröpfchen/Im Reagenzglas schlug sich Wasser nieder.
Bei der schwarzen Schicht handelt es sich um Kohlenstoff.

5

Aufgabe 1: Die wissenschaftliche Chemie, die chemische **Industrie** und die Schulchemie befassen sich mit Vorgängen, bei denen neue **Stoffe** entstehen. Viele dieser Vorgänge laufen aber nicht von allein ab; sie müssen häufig durch **Energiezufuhr** wie Erhitzen ausgelöst werden. Im folgenden Lehrerversuch werden zwei **Ausgangsstoffe** verwendet: Kupfer und Schwefel. Im Versuch wird aus diesen Stoffen ein **neuer** Stoff entstehen. Dieser Vorgang, bei dem ein neuer Stoff unter gleichzeitigem **Verschwinden** der Ausgangsstoffe entsteht, wird als chemische **Reaktion** bezeichnet.

Aufgabe 2: Es wird mit Kupferpulver und Schwefelpulver experimentiert.

Aufgabe 3: Dem Stoffgemisch wird Wärmeenergie zugeführt.

Aufgabe 4: Der neue Stoff heißt Kupfersulfid.

Aufgabe 5: Antworten prinzipiell: Es handelt sich um die gleichen Stoffe. Deshalb ist ein gleiches Ergebnis zu erwarten. Weil aber eine dünne Folie als Ausgangsstoff eingesetzt wird, könnte der neue Stoff eine etwas andere Form haben.

Aufgabe 9: In das Innere des Kupferbriefes gelangte keine Luft. Kupferoxid entsteht nur bei Beteiligung von Luft.

Aufgabe 11: Wenn ein Wassertropfen auf das Eisen fällt, **entzieht** der im Wasser gelöste Sauerstoff dem Eisenatom Elektronen. Der Sauerstoff hat auf die Elektronen des Eisens eine größere **Anziehungskraft** als der Kern des Eisenatoms. So holt sich jedes Sauerstoffatom zwei oder drei **Elektronen** des Eisenatoms.
Hier hat also eine chemische **Reaktion** stattgefunden: **Elektronen** werden von einem Stoff abgegeben und von einem anderen Stoff **aufgenommen**. Als Reaktionsprodukt bildet sich rotbrauner Rost, ein wasserhaltiges **Eisenoxid**. Durch die Aufnahme von Elektronen wird das Sauerstoffatom (O) **negativ** geladen. Das Eisenatom (Fe) wird durch den Verlust der Elektronen **positiv** geladen. Weil sich entgegengesetzt geladene Atome gegenseitig anziehen, bleiben Sauerstoff- und Eisenatome aneinander hängen und bilden Eisenoxid.

Aufgabe 14: Durch Experimente hat man herausgefunden, dass die **Natriumteilchen** elektrisch positiv geladen sind, und die Chlorteilchen sind **negativ** geladen. Die Natrium- und die Chlorteilchen sind also **entgegengesetzt** geladen und ziehen sich gegenseitig an. Diese **Anziehungskraft** ist die Kraft, die beide Stoffe zu einer **Verbindung** werden lässt.

Aufgabe 15: Papier und Folie sind entgegengesetzt **elektrisch** geladen.
Solche **gegensätzliche** Ladungen ziehen sich an.

9 Die Lösungen

5 **Aufgabe 19:**

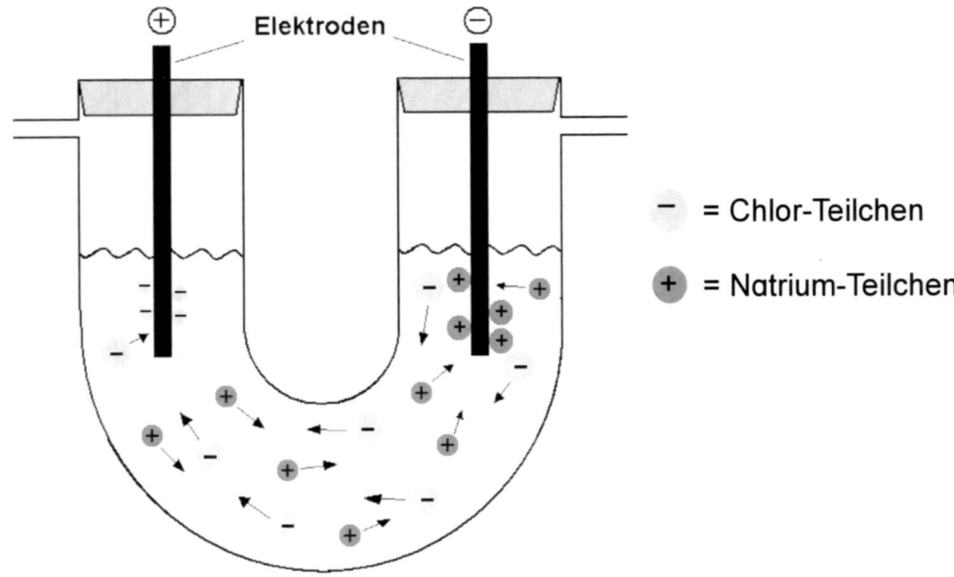

Aufgabe 21: Dieses Elektron befindet sich auf der M-Schale.

Aufgabe 22:

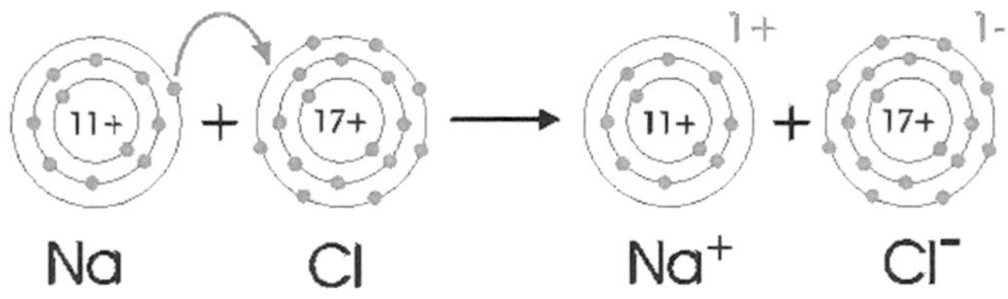

Aufgabe 24:

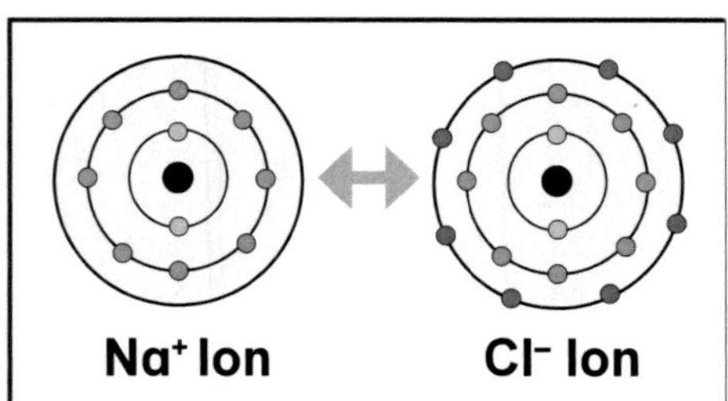

Aufgabe 25: Die **elektrostatische Anziehung** lässt diese Verbindung entstehen.

Aufgabe 26: Das Gewicht der beiden **Ausgangsstoffe** ist dem Gewicht des neuen Stoffes **gleich**. Die Masse ist also gleich geblieben.
Wir könnten noch viele solcher Versuche durchführen, wir kämen immer zu dem gleichen Ergebnis. Stets bleibt die Masse der Stoffe **erhalten**.
Und weil das bei diesen Versuchen immer so ist, nennt man diese Regelmäßigkeit ein **Naturgesetz**. Bei unserem Versuch haben wir das Naturgesetz von der **Erhaltung** der Masse kennen gelernt.

KOHL VERLAG Chemie fachfremd unterrichten – Leichte Einstiege sofort umsetzbar – Bestell-Nr. 11 448

6

Aufgabe 1: Brom und Quecksilber sind flüssig.

Aufgabe 2: Elf Elemente sind gasförmig.

Aufgabe 3:

Element	Feststoff	Flüssigkeit	Gas
Hg		X	
Pb	X		
Al	X		
Ne			X
N			X
Br		X	
O			X
Au	X		
Sn	X		
Fe	X		

Aufgabe 4: Das sind Natrium, Magnesium, Aluminium, Silicium, Phosphor und Schwefel.

Aufgabe 5: Eine Schale haben Wasserstoff und Helium.

Aufgabe 6: Kupfer hat 29 Protonen im Atomkern.

Aufgabe 7: Eisen hat 26 Neutronen im Atomkern.

Aufgabe 8: Gold hat 79 Elektronen.

Aufgabe 9: In der Mitte des Atoms befindet sich der **Atomkern**. Er wird dauernd von **Elektronen** umkreist.

Aufgabe 10:

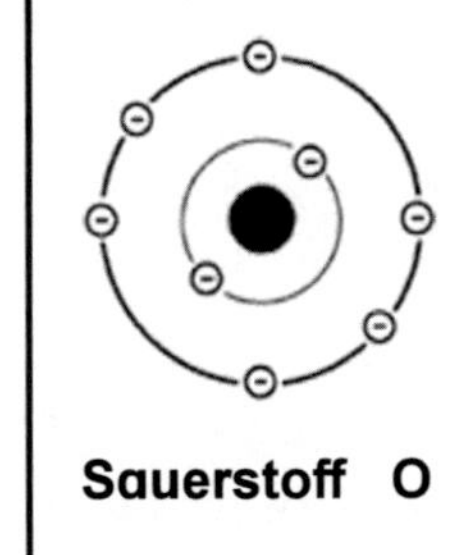

7

Aufgabe 2: Es geschieht gar nichts, der Span glimmt etwas weiter.

Aufgabe 3: Es geschieht wieder nichts Besonderes, der Span glimmt einfach weiter.

Aufgabe 4: Der Glimmspan flammt heftig und sehr hell auf.

Aufgabe 5: Weil für die Verbrennung und für das Aufflammen **Sauerstoff** erforderlich ist, muss sich nach dem **Erhitzen** des Kaliumpermanganat mehr Sauerstoff im Reagenzglas befunden haben als vor der Erhitzung.

Dieser **Sauerstoff** kann nur aus dem **Kaliumpermanganat** stammen.

8

Aufgabe 3: Wenn man bestimmte Stoffe in die Flamme eines **Spiritusbrenners** hält, bekommt die Flamme eine andere **Färbung**.
Bei dem Leichtmetall **Natrium** färbt sich die Flamme **orangegelb**.
So weisen wir nach, dass unser **Kochsalz** Natrium enthält – auch Kochsalz **färbt** die Flamme orangegelb.

Aufgabe 5: Die Flamme färbt sich orangegelb – wie beim Kochsalz.

Aufgabe 6: Im Natron ist ebenfalls Natrium enthalten.

Bildnachweise:

Seite 23: The American Institute of Physics credits the photo to AB Lagrelius & Westphal, which is the Swedish company used by the Nobel Foundation for most photos of its book series Les Prix Nobel.

Seite 42: smdv